Alfred Komarek · Salz und Österreich

Alfred Komarek

Salz & Österreich

Ein Mineral macht Geschichte

K&S

Inhalt

Entdeckungsreise, länderweise

Irgendetwas stimmt nicht mit unserer Gegenwart. Es geschieht zwar jede Menge, aber es fehlt an der rechten Qualität. Seit wir uns nicht mehr als wundersame Geschöpfe eines unbegreiflichen Universums sehen, sondern als Erfüllungsgehilfen der Marktwirtschaft, bleiben die Träume am Boden, sind die Lüste banal und geht die Sehnsucht mit der Mode. Wir leben weit und breit statt hoch und tief. Dazu passen beiläufig vor sich hin wuchernde Stadtränder mit Einkaufszentren als Ersatzparadiese. Nicht einmal Salzburg macht dabei eine Ausnahme. Doch in ihrem inneren Wesen ist diese Stadt noch immer ein unverschämt sinnliches Wunder, eine fromme Anmaßung, verinnerlichte Theatralik. Diese Mischung von feudaler Selbstverwirklichung und nobler Spiritualität, von gespieltem Ernst und ernsthaftem Spiel ist seltsam lebendig geblieben, obwohl doch das Reich der Fürsterzbischöfe zu einem Stück Österreich geworden ist, wenn auch zu einem ganz besonderen. Die Salzburger Stadtregierung in allen Ehren, aber es ist den verblichenen geistlichen Herren durchaus zuzutrauen, dass sie in einer Art Schattenkabinett noch immer sehr präsent sind und dafür sorgen, dass der Genius Loci nicht unter die Räder kommt oder von den herausgeputzten Herden der Festspielbesucher niedergetreten wird. Im Leben von Persönlichkeiten wie Wolf Dietrich von Raitenau oder Markus Sittikus von Hohenems war einfach zu viel Energie und Leidenschaft: Da blieb auch über den Tod hinaus noch jede Menge für die Zukunft übrig.

Ein begabter Knappe: Lorenz Roseneggers Wasserspiele

Andererseits gab es in Salzburg nicht nur maßlose Visionen frommer Machtmenschen, sondern auch die Mittel, sie zu verwirklichen: Salz aus Hallein brachte Unmengen von Geld in die Kassen der Fürsterzbischöfe. Davon wird noch zu erzählen sein, wie es sich gehört, in einem Buch wie diesem, doch hier geht es erst einmal um Hellbrunn. Markus Sittikus ließ sich dieses Lustschloss samt Lustgarten als Zauberspiegel seiner Innenwelten bauen: ästhetisch, erschreckend, heidnisch, von unbändiger Heiterkeit. Dabei war der Fürsterzbischof weder ein großes Kind noch ein geborener Spaßmacher, er galt als liebenswürdig, gläubig und skeptisch. Als Herrscher über Salzburg bewies er in nur sieben Jahren Weitblick und Tatkraft: Er vollendete den Neubau des heutigen Doms, ließ drei Stadttore errichten, regelte das Feuerlöschwesen neu und gab der Stadt eine Lebensmittelverordnung. Außerdem bewegte er die Benediktiner dazu, ein Gymnasium zu eröffnen. Obgleich selbst von höchst lebenslustiger Spiritualität, sorgte er mit einer Visitation seines Bistums dafür, dass so mancher Pfarrer wenigstens etwas weniger öffentlich mit seiner Liebsten und deren Kindern zusammenlebte. Hellbrunn hingegen war allerhöchste Privatsache. Aus Italien ließ er den Baumeister Santino Solari und den Maler Donato Mascagni ins Land holen. Im Jahr 1619 war die gesamte Anlage mit Schloss, Garten und jenen Wasserspielen vollendet, die heute weltweit einzigartig sind. Wasserstrahlen machen die Hocker rings um den Fürstentisch zu einer nassen Überraschung, Wasser spritzt aus Hirschgeweihen, lässt das steinerne Gesicht Neptuns zur wildbewegten Fratze werden, bewegt Tierfiguren und zaubert Vogelstimmen herbei.

Das jüngste der Wasserspiele kam erst Mitte des 18. Jahrhunderts dazu, und mit ihm schmeckt die Geschichte auch schon wieder nach Salz: das Mechanische Theater, konstruiert und gebaut von einem Dürrnberger Knappen namens Lorenz Rosenegger. Mit Wasser und seiner Wirkung wohlvertraut, technisch hochbegabt und mit einer erstaunlichen Phantasie ausgestattet, ging er methodisch und bedächtig an die Arbeit: So bedächtig, dass sein fürsterzbischöflicher Auftraggeber nach zwei Jahren die Geduld verlor und ihn nebst seinem unvollendeten Werk in der Festung einsperren ließ. Unter dermaßen unfreundlichen Bedingungen verlangsamte sich das Arbeitstempo des freiheitsliebenden Bergmannes beinahe bis zum Stillstand. Er wurde also freigelassen, erlangte seine gute Laune und seine Tatkraft wieder, und zwei Jahre später war das Mechanische Theater fertig. Wasser bewegt 256 Figuren, die eine barocke Kleinstadt bevölkern: Trompeter und andere Musikanten spielen auf ihren Instrumenten, ein Tanzbär macht seinem Namen alle Ehre, der Schlachter zückt das Messer, Handwerker gehen ihrer Arbeit nach, und über all dem erklingt eine prächtige Wasserorgel.

Das Mechanische Theater des Dürrnberger Knappen Lorenz Rosegger ist heute noch auf Schloss Hellbrunn zu bestaunen.

Als Gefangener auf Hohensalzburg hatte Lorenz Rosenegger übrigens einen berühmten Vorgänger: Sechs Jahre verdämmerte das Leben des Fürsterzbischofs Wolf Dietrich von Raitenau hinter versperrten Türen und mit schweren Brettern verschlagenen Fenstern. Ein kriegerischer Streit mit den Bayern hatte den mächtigen Herrscher gefällt, und, wie es sich denken lässt, ist es dabei um Salz gegangen. Als Wolf Dietrich nach Kärnten floh, wurde er dort von den Bayern gefangen genommen, schmählicherweise auch noch mit Zustimmung des Domkapitels. Dieser Salzkrieg endete somit in einem Bundesland, in dem es seit jeher Salz nur als Handelsware gibt. Als noch keine fahrbaren Straßen über die Tauern führten, brachten Säumer in ihren Kraxen das kostbare Mineral nach Kärnten, und die Halleiner wachten eifersüchtig über diesen von ihnen beherrschten Markt, ärgerten sich über den Schleichhandel aus Bayern und mussten sich später mit den energischen Versuchen der Habsburger auseinandersetzen, ihr Salzmonopol auf Kärnten auszuweiten. Die Säumer trugen übrigens das Ihre dazu bei, dass sich Kärnten mit wuchtigen Wirtshäusern an den alten Handelswegen schon sehr früh als gastliches Land präsentierte. Die Welt der Säumer ist längst versunken, Passstraßen oder Wanderwege zeichnen vage Konturen nach. Auch die spätere Handelsgeschichte des Salzes hat kaum Spuren hinterlassen. Immerhin: In Klagenfurt gibt es eine Salzgasse.

Salz und der »Haller Kübel«

In Tirol, wo durch Jahrhunderte Salz gewonnen wurde, kommt dem Mineral natürlich auch als Namensgeber eine ganz andere Bedeutung zu: Wenn eine Stadt den Namen Hall trägt, bekennt sie sich klar und stolz zu ihren Ursprüngen. Hall steht da wie ein Stück Mittelalter, so massiv und bedeutungsschwer, dass die eilfertige Gegenwart nur eine sehr kleine Nebenrolle spielt. Um 1500 war Hall so groß wie Innsbruck, und auch heute ist die Altstadt doppelt so ausgedehnt wie die der Metropole. Mit dicken Mauern und mächtigen Stützpfeilern, engen, verwinkelten und oft auch steilen Gassen, intimen und doch theatralischen Plätzen drängt sich Hall vom Innufer aufwärts gegen den Berghang.

Am Unteren Stadtplatz, dort, wo das alte Salinengebäude steht, findet sich auch eine Barbarasäule. Die Heilige Barbara wurde im 15. Jahrhundert dazu auserkoren, Bergleute vor Unglücksfällen zu bewahren, und löste damit den Heiligen Daniel ab, der vordem zuständig gewesen war. Davon blieb die Position des Heiligen Rupert allerdings unberührt, der in Hall, Hallein und Berchtesgaden besonders verehrt wurde. Die Haller Barbarasäule kennzeichnete früher den Versammlungsplatz der St.-Barbara-Bruderschaft der Knappen

Seit dem 15. Jahrhundert ist die Heilige Barbara auserkoren, Bergleute vor Unglücksfällen zu bewahren. Diese Darstellung war ein Geschenk an die Salinenbibliothek und ist heute im Salinenarchiv in Bad Ischl zu finden.

»Wo nähm der König die Krone her / wenn tief in der Erde der Bergmann nit wär«

und Salzherren beim Absamer Tor. Ihre Entstehung verdankt die Säule allerdings der Tiroler Erzknappenbruderschaft, die so ihre Verbundenheit mit ihren Freunden in Hall ausdrückte. Die ehrsamen Bürger der Stadt hatten übrigens einen Spitznamen, »Kübler«, und dafür gibt es einen salzigen und einen frommen Grund: Eine weiße, von Goldreifen umfasste Salzkufe, eben ein »Haller Kübel«, ziert das Wappen. Außerdem gab es ein Missgeschick, als im Jahr 1451, zu Christi Himmelfahrt, in der Kirche die Auffahrt Jesu als barockes Spektakel inszeniert wurde: Die Christusstatue schwebte, von einem Seil gezogen, himmelwärts. Dann riss das Seil, und die Figur zerbrach in viele Stücke. Erst erschraken die Haller, dann aber packten sie kurz entschlossen die Scherben in einen Kübel, den sie unter frommen Zurufen zum Firmament entschweben ließen.

Bleibt noch ein kurzer, kontemplativer Ausflug ins Halltal. Dort hatte sich Mitte des 15. Jahrhunderts ein Salzmeier, also ein leitender Beamter des Salinenwesens, mit ein paar Freunden in den Wald zurückgezogen, um eine Einsiedelei zu gründen: St. Magdalena. Wenig später stand den Waldbrüdern aber dann doch der Sinn nach geselligerem Kloster, Nonnen traten an ihre Stelle, und ein reiches adliges Fräulein stellte sogar noch eine Kirche in die Waldeinsamkeit. Doch nach wenigen Jahrzehnten waren die Gebäude wieder verlassen. Diesmal griff, nicht allzu frommen Sinnes, das Salzamt zu. Ein Kaplan betreute vom ehemaligen Kloster aus die Knappen, der Waldhüter fand hier eine Wohnung, und wenn den Landesfürsten einmal die Lust ankam, in den Wäldern um das Halltal dem Weidwerk zu frönen, nahm auch er in St. Magdalena Quartier. Die Zeiten klösterlicher Einkehr sind vorbei, jene salzamtlicher Nutzanwendung auch: Das alte Gemäuer ist heute ein Gasthof.

Der Salzstadel von Feldkirch

Damit ist es Zeit, einem Weg zu folgen, den das Salz schon im 14. Jahrhundert über den Arlberg nahm. Säumer brachten Schmalz aus dem Ländle nach Innsbruck und Hall. Für den Rückweg luden sie Salz auf, das sie zur Hauptniederlagsstätte in Feldkirch brachten, einer der bemerkenswertesten kleinen Städte im kleinsten Bundesland. An wichtigen Handelswegen gelegen, behielt Feldkirch durch Jahrhunderte seine Bedeutung als Handelsstadt. Wohlstand und Weltoffenheit ließen aber auch Kunst und Wissenschaft aufblühen. Schon vor 1400 gab es hier eine Lateinschule. Hieronymus Münzer dürfte sie besucht haben: Doktor der Medizin, Weltreisender, Geograph und Schöpfer der ersten Landkarte Deutschlands. Das Universalgenie Joachim Rheticus war Feldkircher. Nächtelang diskutierte der Mathematiker, Arzt und Astronom mit einem gewissen Kopernikus über dessen Lehren. 1649 eröffneten die Jesuiten ein Gymnasium in Feldkirch, das später so berühmte Kolleg »Stella Matutina«. Einer der Schüler war übrigens Sir Arthur Conan Doyle, der Schöpfer des Sherlock Holmes. Neben dem Churer Tor, das früher auch Salztor hieß, steht heute ein schöner Jugendstilbau, das »Köbhaus«. Eine Inschrift weist auf einen Salzstadel hin, der Ende des 14. Jahrhunderts an dieser Stelle erbaut wurde. 1507 schenkte König Maximilian I. das einträgliche Gemäuer der Stadt, selbstredend unter Sicherung seiner Zolleinkünfte. Die Geschäfte liefen gut, und als im 18. Jahrhundert über die neue Arlbergstraße immer mehr Salz angeliefert wurde, reichte der alte, verwinkelte Stadel bald nicht mehr aus. Demnach baute man dort, wo heute die Sparkasse steht, ein weiteres Salzmagazin. Anfang des 19. Jahrhunderts war dann für die Regierung die Errichtung eines gewaltigen Zentrallagers das Gebot der Stunde, doch die weisen Männer im Feldkircher Magistrat sahen die Grenzen des Wachstums nahen und sagten Nein: Immerhin wurden damals in Württemberg weitere Salzquellen entdeckt, die Konkurrenz für Hall erwarten ließen. In der Tat waren schon Mitte des Jahrhunderts beide Magazine entbehrlich, wurden eher beiläufig genutzt – unter anderem für Theateraufführungen – und fielen schließlich der Spitzhacke zum Opfer.

Die Magazine von Stadl-Paura

Damit begeben wir uns weiter, auf die Reise ostwärts, ins Oberösterreichische, nach Stadl-Paura. Hier stecken die alten Salzmagazine gleich einmal im Ortsnamen: Das Kloster Lambach war an diesem bedeutenden Umschlag- und Lagerplatz für den Salztransport als Grundherrschaft tätig, betrieb den Stadel und übte die Gerichtsbarkeit über Schiffsleute, Salzfertiger und Salzleger aus. Der zweite Teil des Ortsnamens erinnert hingegen an ein merkwürdiges Bauwerk, das nur am Rande mit Salz zu tun hat: die Dreifaltigkeitskirche, auch Paurakirche genannt. Johannes Pagel, der Sohn eines Zillenhüters, brachte es zum Abt des Stiftes Lambach. 1714 gab er Johann Michael Prunner den Auftrag, auf dem Paurahügel ein Gotteshaus im Zeichen der Dreiheit zu errichten: einen dreitürmigen Zentralbau mit einer dreiseitigen, von einer Pyramide gekrönten Laterne auf dem Kuppeldach. Drei Tore führen in das Kircheninnere, in dem der Raum von einem dem Dreieck eingeschriebenen Kreis bestimmt wird.

Gut hundert Jahre schaute das Gotteshaus von seinem freundlichen Wiesenhügel auf eine Ansiedlung herab, deren gedeihliche, von der Traun und vom Salz bestimmte Entwicklung für alle Zukunft gesichert zu sein schien. Doch dann kam die Katastrophe. Am 23. August 1831 entzündete Funkenflug das Schindeldach der Stadlmühle. Heftiger Wind jagte die Flammen von Haus zu Haus.

Bald standen alle dreizehn Salzstadel in Brand, Salz färbte die Ränder der roten Flammen blau. Der Schifferturm fing Feuer und dann auch noch die Nikolauskirche, nur die Dreifaltigkeitskirche blieb verschont. Zwar wurden die Magazine und der Schifferturm wieder aufgebaut, doch auf das schreckliche Flammenmeer folgte schon drei Jahre später eine neue Heimsuchung, eine, die sich friedlich, fortschrittlich und zukunftweisend gab: die Eisenbahn. Nun war es nicht mehr notwendig, das Salz auf dem gefährlichen Wasserweg zu transportieren, und allein in Stadl gab es dadurch mit einem Schlag an die tausend Arbeitslose. Ihre wachsende Not trieb die Verzweifelten 1848 beinahe in die Revolution, doch dann sorgte die Regierung dafür, dass wenigstens ein kleiner Teil der Fracht für die Schifffahrt übrig blieb. Dennoch ging es mit ihr zu Ende: Die Stadel und der Schifferturm wurden abgetragen. Nur das Haus des Stadlschreibers auf einem Felsvorsprung hoch über der Traun ist erhalten geblieben: Als 1873 zwei Ortshälften zu Stadl-Paura vereinigt wurden, kaufte die Gemeinde das Gebäude und machte es zum Amtshaus.

Doch auch die dereinst so stolze Eisenbahn ist nur noch ein Schatten ihrer selbst. In den Siebzigerjahren war das Gebäude mit der vielsagenden Aufschrift: »K. K. PRIV. ERSTE EISENBAHN GESELLSCHAFT« längst kein Bahnhof mehr und vom Abbruch bedroht. Aber dann wurde es ja doch renoviert und in ein Wohnhaus verwandelt. Fast ein wenig zu makellos und neu steht dieses Stück österreichischer Eisenbahn-Urgeschichte heute da.

Salztransporte auf der Pferdeeisenbahn

Am Anfang der Geschichte steht wieder einmal Salz.

Erst einmal ging es darum, den Salztransport von der Donau nordwärts nach Böhmen zu modernisieren. Zwar war dem »Goldenen Steig«, einem uralten Handelsweg, der von Passau nach Böhmen führte, eine mit Fuhrwerken befahrbare »Chaussee« gefolgt. Aber ein künstlicher Wasserweg schien ja doch die idealen Voraussetzungen für den preiswerten Transport großer Mengen zu bieten.

Mit der Pferdeeisenbahn liefen die Geschäfte des Gmundner Salzamtes noch besser. Für die Traunschifffahrt zeichnete sich aber ein baldiges Ende ab.

Schon im 14. Jahrhundert hatte Kaiser Karl IV. davon geträumt und Nachforschungen anstellen lassen. Anfang des 19. Jahrhunderts wurde dann in Prag voller Optimismus die »Böhmisch hydrotechnische Privatgesellschaft« gegründet, die gleich einmal Franz Josef Ritter von Gerstner damit beauftragte, ein Kanalprojekt zu erstellen. Der »Doktor der freyen Künste und Weltweisheit« erkannte bald schaudernd die Notwendigkeit Hunderter von Schleusen und schlug vor, statt des Kanals doch eine Pferdeeisenbahn zu bauen. Davon wollten die hydrotechnischen Herren allerdings nichts wissen und lösten deprimiert ihre Gesellschaft auf. Es blieb Josef Gerstners Sohn Anton vorbehalten, das Projekt wieder aufzunehmen. Dieser Wissenschaftler durchaus modernen Zuschnitts lehrte Praktische Geometrie am neu gegründeten Polytechnischen Institut in Wien. Er trat sein Privileg zum Bau einer Eisenbahn und zur späteren Beförderung von Gütern an zwei Banken ab, und diese gründeten die »K. k. privilegierte Erste Eisenbahngesellschaft«. Anton Gerstner war ein Eisenbahnpionier erster Güte: Er trassierte großzügig, vermied starke Steigungen und achtete darauf, dass die Bahn auch für einen späteren Dampfbetrieb geeignet war. Das alles kostete eine Menge Geld, und die Aktionäre hatten eigentlich nicht vor, ein

Wunderwerk der Eisenbahnbaukunst zu finanzieren. Kostenüberschreitungen machten sie mehr und mehr nervös, und schließlich wurde der geniale Gerstner gegen einen seiner Schüler ausgetauscht, den kompromissbereiten Matthias Ritter von Schönerer. Wie so mancher große Österreicher setzte Gerstner seine Karriere im Ausland fort, plante für den Zaren den ersten Schienenstrang Russlands

Personenbeförderung mit der Pferdeeisenbahn: Ein erster Hauch von Reisefreiheit – die amtliche »Reisebewilligung« vorausgesetzt.

und arbeitete später in Amerika. Schönerer führte den Schienenstrang dann unbekümmert und kostensparend hangauf, hangab, und schon 1832 ließ sich Kaiser Franz I. tollkühn zu einer Probefahrt herbei. Seine Majestät blieb unbeschädigt, und somit konnten noch im selben Jahr die Schienenrösser zwischen Linz und Budweis traben. Doch nach wie vor wurden Jahr für Jahr 660 000 Fässer Salz auf den launischen Fluten der Traun verschifft. Mit salzamtlicher Herzlosigkeit war zwar sichergestellt, dass Traunschiffer nicht schwimmen konnten und dadurch auch in ärgster Bedrängnis auf ihren Zillen blieben, es kam aber dennoch immer wieder zu Unglücksfällen.

Den Verlust austauschbarer Menschen nahm man in Gmunden bedauernd zur Kenntnis, doch verlorenes Salz war eine Katastrophe.

Also herbei mit dem Schienenweg: Franz Zola, der Vater des französischen Schriftstellers Emile Zola, erhielt ein Privileg für die Errichtung und den Betrieb, er verkaufte es, die Käufer verkauften es weiter, und so weiter, doch am Ende wurde ja doch gebaut. Am 1. Mai 1836 verließ die erste Pferdeeisenbahn Gmunden. Vorerst gab es nur Lastentransporte, zu Fuß begleitet von einem konditionsstarken Kondukteur. Später, als auch Personenwagenfahrten stattfanden, durfte der Zugbegleiter sogar aufsitzen. Die Strecke war eingleisig geführt, doch in den Bahnhöfen gab es Ausweichmöglichkeiten. Trotzdem kam es vor, dass sich mitunter ein Lastentransport und ein Personenzug auf offener Strecke gegenüberstanden. Dann stiegen die Fahrgäste eben aus, hoben die leichten Wagen gemeinsam von den Schienen und stellten das Züglein anschließend wieder aufs Gleis. Es lief eben alles noch etwas einfacher als heutzutage, wie auch aus einem Anschlag der Eisenbahndirektion zu entnehmen war:

> »Obschon die Eisenbahn nicht die Bestimmung hat, zu einem Spaziergang zu dienen, indem sie allein zu dem Zweck erbaut ist, Personen und Waren mit ihren Wägen darauf zu führen, so will man doch niemand des Vergnügens berauben, auf der Bahn Spazierengehen zu dürfen; man findet aber für nothwendig, da weder Wagen noch Pferde die Bahn verlassen können, Jedermann zu ersuchen, denselben zur rechten Zeit auszuweichen, bei Begegnung der Stell- und Transportwagen sich von der Bahn zu entfernen und den Transport ruhig vorbeiziehen zu lassen.«

Weitaus komplizierter gestaltete sich der Antritt einer solchen Reise. Wer ohne Pass und amtliche Reisebewilligung im »Eisenbahnzimmer« vorsprach, wurde als höchst verdächtiges Individuum aufgefordert, zu Hause zu bleiben.

Schon Mitte des 19. Jahrhunderts wurden die ersten Dampflokomotiven eingesetzt, und noch einige Jahre werkten Stahlrösser und solche aus Fleisch und Blut einträchtig schnaubend nebeneinander.

Doch die neueren, schnellen Eisenbahnen machten all der Beschaulichkeit ein Ende: 1872 wurde die Strecke Linz-Budweis eingestellt, und fünf Jahre später verurteilte die Eröffnung der Salzkammergut-eisenbahn die Verbindung von Gmunden nach Lambach zur Bedeutungslosigkeit.

Auf dem Weg zur nächsten salzigen Adresse, diesmal in der Steiermark gelegen, ließe sich noch heute ein schmalspuriges Eisenbahnrelikt benutzen: die 1894 gebaute Mariazellerbahn, mit der man sogar bis nach Gußwerk, der alten Waffenschmiede, gelangen konnte. Zum eigentlichen Ziel der Reise, dem von der Salza durchflossenen Halltal, östlich von Mariazell, führt dann allerdings ein schmaler Fahrweg.

Um die salzige Indizienkette zu schließen, mündet auch noch der Hallbach in die Salza. Dort stand dereinst der heute abgetragene Hallhof. Sein Gegenüber, der Salzmeisterhof, ist dem Verfall preisgegeben. Schon in einer Urkunde aus dem Jahr 1025 wird eine Solequelle erwähnt, die vermutlich am linken Ufer des Hallbaches sprudelte. Ab 1103 gehörte sie dem Benediktinerstift St. Lambrecht, das in der Nähe des Neumarkter Sattels steht, dort, wo die Steiermark an Kärnten grenzt. Mönche aus St. Lambrecht gründeten 1157 Mariazell. Die kleine Saline im Halltal gehört demnach auch zur Geschichte des berühmtesten Marienheiligtums von Österreich. Der Flurname »Pfannackerl« deutet auf jene Stelle am rechten Salzaufer hin, wo die Sudpfanne stand. Salz aus dem Halltal wurde in der unmittelbaren Umgebung verkauft, aber auch mit Saumpferden über St. Ägyd nach Puchberg befördert, in eine Gegend, die für Kammergutsalinen wenig attraktiv war. So konnte auch diese nicht sehr leistungsfähige Saline lange Zeit Gewinne erwirtschaften. Gerade dieser Umstand stimmte aber den Landesherrn ungnädig: Schließlich betrachtete er die Salzgewinnung als Hoheitsrecht. Allerdings waren obrigkeitliche Verfügungen in entlegenen Tälern nur bedingt wirksam, und so kam es, dass die Salzerzeugung im Halltal mehrmals eingestellt wurde und dann doch wieder ihren Betrieb aufnahm, zum Nutzen der frommen Brüder oder auch der Bauern, die sich Salz zum regulären Kaufpreis ohnedies kaum leisten konnten. Die Pfarrchronik von Mariazell berichtet, dass 1753 die Salzquellen auf ihre Ergiebigkeit hin untersucht wurden und dass man sie sechs Jahre später mit schweren Steinplatten abdeckte und ihr Wasser in den Bach leitete. Schon lange zuvor hatte sich das Stift St. Lambrecht anklagend an den Landesfürsten gewandt und einen Ersatz für die verbotene Saline gefordert. 1656 war Friedrich III. endlich geneigt zu handeln und bewilligte eine jährliche Zuwendung von 150 Fuder Salz von Aussee. Für die Bauern im Halltal waren derlei Abmachungen ferne Theorie, und noch heute wird von künstlich angelegten Soleschöpfgruben berichtet, die es auch dem schlichten Manne möglich machten, Salz, das nun einmal zum Leben gehört, zu gewinnen.

Salz im Seewinkel

Damit kommen wir ohne weitere Umschweife zu burgenländischen Salzvorkommen. Natürlich geht es am Rande der Pannonischen Tiefebene nicht um Steinsalz. Andererseits zeigt uns die seltsame Welt aus flachen Lacken und Steppen im Seewinkel ein Gleichnis für die Entstehungsgeschichte alpiner Lagerstätten. Das Wasser der flachen Tümpel enthält Salze: Soda, Natronhydrokarbonat, Glaubersalz, Bittersalz, Kaliumsulfat und sogar ganz wenig Kochsalz. Eine faszinierende Unbestimmtheit liegt über dieser sich fortwährend verändernden, lebensfeindlichen Welt, Urtümliches, das den Menschen an den Rand schiebt. Es ist eine Welt der Extreme: Die erhitzte, bewegte Luft lässt Wasser bis tief in den Boden hinein verdunsten, der Sommerwind reißt den Wasserdampf hoch, Salz steigt auf und lagert sich an der Oberfläche ab. Aus verkrusteter Erde wachsen salzliebende Pflanzen: Salzkresse, Glasschmalz, die Salzmelde der Neusiedlersee-Salzschwaden. Regen und Wasserfluten vom See füllen die Lacken wieder: schwarze und weiße gibt es, von Humus gefärbt oder lehmig trüb. Lange Zeit versuchte der Mensch dieses unwirtliche, heiße und wasserdurchflutete Land wenigstens teilweise zu nutzen, sogar Versuche, Reis anzubauen, hat es gegeben.

Heute geht es im Nationalpark Neusiedlersee darum, Mensch und Natur wieder zu versöhnen.

Auf Salz kann man sich einigen – auch in Niederösterreich

Weiter geht die Salzreise vom Burgenland nach Niederösterreich, aus dem Seewinkel in das St. Pöltner Rathaus. 1503 erwarben es die Bürger, kauften noch ein zweites Gebäude dazu, stellten eine einheitliche Fassade davor, setzten einen Turm obendrauf und erweiterten das Gebäude nach Süden für ein bürgerliches Zeughaus und einen Getreidekasten. Das alles geschah in einer Epoche, in der die St. Pöltner Bürger eigentlich wenig Grund hatten, sich mit selbstbewussten Bauwerken zu profilieren. Als Kaiser Maximilian II. im Jahr 1568 den oberen Ständen Religionsfreiheit zusagte, hatte er dabei mit den Städten im Lande nichts im Sinn, im Gegenteil: Gerade dort sollte die Gegenreformation mit aller Schärfe einsetzen. Als neuer Propst kam Georg Hiber in die Stadt und ließ gleich einmal die damals protestantische Pfarrkirche sperren. Stadtrichter und Stadtrat brachen indes das Schloss nächtens auf und sahen sich bald darauf harsch ihrer Ämter entledigt. In der Folge donnerte Hieb um Hieb auf die Häupter der protestantischen St. Pöltner, und die immerhin 25 verbliebenen Katholiken hatten Grund zur Schadenfreude. Ungeachtet dieses schmerzlichen Glaubenskampfes putzte sich die landesfürstliche Stadt tüchtig heraus. Die Straßen wurden gepflastert, wirtschaftliche Unternehmungen gediehen – und der Salzhandel zählte zu jenen Themen, die sogar zwischen protestantischen Bürgern und dem Landesfürsten außer Streit standen. Das führt uns in das Erdgeschoß des Rathauses, wo sich über einer ehemaligen Laube die Aufschrift »Brot- und Salzkammer« findet.

Im 16. Jahrhundert unternahm der Landesfürst vermehrte Anstrengungen, auch in Niederösterreich den Salzhandel straff über seine Städte zu lenken. Meist ging es dabei um Salz aus Gmunden. Aussee belieferte mit Eisen- und Provianthändlern nur die inneren Täler der Ybbs und der Erlauf. Der Semmering war für den Salztransport gesperrt, Einfuhren aus Bayern oder Polen waren streng verboten. Obwohl trotz allem Salz geschmuggelt wurde, blieb der offizielle Handel für den Landesherrn ein prächtiges Geschäft, und auch die Städte hatten ihren Anteil.

Die Saliera aus Frankreich

So führt letztlich kein Weg mehr an Wien vorbei. Vom sprichwörtlichen Salzamt wird später noch die Rede sein, wie auch von anderen einschlägigen Adressen. Hier gilt es, ein Salzfass zu würdigen, ein ganz besonders edles Exemplar, das im Wiener Kunsthistorischen Museum zu finden ist. Diese »Saliera« wurde Mitte des 16. Jahrhunderts vom berühmten Goldschmied Benvenuto Cellini für den französischen König Franz I. hergestellt. Der Künstler selbst berichtet in seiner durch Johann Wolfgang von Goethe ins Deutsche übertragenen Biographie von seiner Arbeit und der feierlichen Überreichung:

> »Das Werk selbst hatte ich auf eine Base von schwarzem Ebenholze gesetzt; diese war von gehöriger Stärke und von einem Gurt umgeben, in den ich vier Figuren von Gold ausgeteilt hatte, die mehr als halb erhaben waren; sie stellten die Nacht und den Tag vor; auch die Morgenröte war dabei; dann waren noch vier andere Figuren von derselben Größe angebracht, welche die Vier Hauptwinde vorstellten, so sauber gearbeitet und emailliert, als man sich nur denken kann. Da ich dieses Werk vor die Augen des Königs brachte, ließ er einen Ausruf der Verwunderung hören und konnte nicht satt werden, das Werk anzusehen. Dann sagte er zu mir, ich möchte es wieder nach Hause tragen, er würde mir zu seiner Zeit befehlen, was ich damit machen solle. So trug ich es zurück, lud einige meiner lieben Freunde zusammen, und wir speisten in der größten Lust; das Salzfass ward in die Mitte des Tisches gesetzt, und wir bedienten uns dessen zuerst.«

Es ist Karl IX. zu verdanken, dass diese Saliera aus Frankreich nach Österreich gelangte: Er schenkte sie dem Erzherzog Ferdinand von

Mitte des 16. Jahrhunderts schuf Benvenuto Cellini dieses Salzfass als künstlerische Huldigung an das kostbare »weiße Gold«.

Tirol. Als dann, Jahrhunderte später, die Monarchie in Scherben ging, landete der habsburgische Hausrat in Depots und Museen. So steht also auch diese künstlerische Huldigung an das weiße Gold vor unseren staunenden Augen: ein wahrlich prächtiges Stück, das wohl kostbarste Salzfass der Welt. »Monstranz von Salz und Pfeffer, Tabernakel des Gewürzes« nennt der Schriftsteller Alois Brandstetter dieses Kleinod in seinem Vorwort zum Katalog der Salzburger Landesausstellung, die 1994 dem Thema Salz gewidmet war.

Damit schließt sich in diesem ersten Kapitel der Kreis, von Salzburg nach Salzburg, vom mechanischen Wunderwerk eines Halleiner Knappen im Lustschloss des Fürsterzbischofs bis zur versunkenen Arbeitswelt der historischen Sudhäuser auf der Halleiner Pernerinsel.

Maritimes Österreich

Österreichs Gebirgslandschaft ist ein steinernes Geschichtsbuch. Es ist allerdings sogar für Geologen nicht sehr einfach, darin zu lesen. Geschichten, die vor vielen Millionen von Jahren begonnen haben und deren Ende auch in ferner Zukunft nicht abzusehen ist, sind eben vieldeutig und kompliziert. Andererseits konzentriert der Blick über gewaltige, eigentlich unvorstellbare Zeiträume hinweg die Geschehnisse, lässt sie im Zeitraffer ablaufen und verkürzt sie auf menschliche Maßstäbe. Die Menschenfamilie spielt aber noch gar nicht so lange eine wichtige Rolle auf der Welt, dass sie sich etwas Besonderes darauf einbilden könnte: lächerliche 600 000 Jahre, verglichen mit stolzen drei Milliarden Jahren Erdgeschichte. Wenn wir uns die Erdgeschichte als zwölf Stunden auf dem Zifferblatt einer Uhr vorstellen, dauert die Menschheitsgeschichte nicht mehr als sieben Sekunden.

In diesen sieben Sekunden haben wir allerdings auf der alten Erde einiges bewegt, im Guten wie im Schlechten, und man darf gespannt darauf sein, was noch werden kann, in den wenigen erdgeschichtlichen Sekunden, die uns bleiben. So gesehen tut es ganz gut, einen langen Blick in die Vergangenheit des Planeten zu werfen, weil wir damals bestimmt noch nicht schuld an tiefgreifenden Veränderungen waren.

Neulich, vor 250 Millionen Jahren also: Ein riesiger Universalkontinent namens Pangaea badete seine Ränder in den warmen Meeresfluten der Thetis, und etwa im Bereich der heutigen Alpen öffnete sich eine geräumige, aber flache Bucht. Das Meer war salzig – fragt sich nur, warum. Die Antwort ist natürlich märchenhaft einfach: Tränen sind salzig, also ist das Meer ein Tränenmeer, geweint von den gewiss sehr schönen Augen einer untröstlichen Jungfer.

Die märchenhafte Meersalzentstehung

Ein norwegisches Märchen sieht die Sache nicht ganz so romantisch: Da gab es zwei Brüder, einen armen und einen reichen. »Gib mir zu essen«, bat der arme Bruder. »Gern«, sagte der reiche Bruder und griff nach einem wahren Prachtstück von Schinken. »Den sollst du haben, wenn du tust, was ich dir sage.« Begehrlich nickte der Hungrige. »Dann geh zur Hölle!«, sagte der reiche Bruder wohlgelaunt. Der arme Bruder schulterte den Schinken und ging erst einmal geradeaus, denn irgendwo musste die Hölle ja sein. Spätnachts, als er schon sehr müde war, traf er einen alten Mann, der im Feuerschein Holz hackte, und fragte ihn, wo denn die Hölle sei, in Dreiteufelsnamen. »Du bist schon mittendrin«, sagte der Alte. »Ein paar Schritte weiter hinten hausen die Teufel. Sie werden dir deinen Schinken abkaufen wollen, weil es ja sonst nur Höllenfraß gibt. Nimm aber kein Gold dafür, sondern verlange die alte Handmühle, die hinter der Tür steht.« Wenig später kam der immer noch Hungrige ohne Schinken, doch mit der Mühle zurück. »Was jetzt?« fragte er. Der alte Mann erklärte es ihm. Der arme Bruder bekam vor Aufregung ganz rote Ohren und lief rasch zu seiner lieben Frau. »Wir haben Hunger, und was bringst du daher? Eine hässliche alte Mühle.« Der Heimgekehrte lächelte fein. »Diese Mühle mahlt alles, was ich mir nur wünsche!« Dann drehte er an ihr, und flugs war der Tisch mit Honigschinken, duftendem Brot und dampfendem Punsch gedeckt. So ging das weiter, Tag für Tag, und der arme Bruder wurde satt und reich. Das ärgerte den reichen Bruder, der heimlich durchs Fenster schaute und nachts darauf die wundersame Mühle stahl. Gleich zum Frühstück mahlte er sich Milchsuppe und Heringe, doch weil er nicht wusste, wie die Mühle abzustellen war, schwappten die Milchsuppenfluten bald aus Türen und Fenstern, und er rief verzweifelt um Hilfe. Der vordem arme Bruder brachte alles wieder in Ordnung und holte sich die Mühle zurück. Eines Tages kam ein Seemann vorbei und wollte das Wunderding unbedingt haben, um auf langen Schiffsreisen damit auch Salz mahlen zu können. Er kaufte die Mühle und rannte so schnell davon, dass er die Gebrauchsanweisung nicht mehr hörte. So kam es denn auch, wie es kommen musste: Die Mühle mahlte Salz und hörte nicht auf zu mahlen, bis das Schiff gesunken war. Seitdem liegt des Teufels Mühle auf dem Meeresgrund und mahlt Salz, gottlob, wie man meinen möchte.

Wissenschaftler können allerdings nicht so recht an diese Mühle glauben. Ihre Erklärungen für das Salz im Meer sind aber dermaßen kompliziert, dass sie auch schon wieder ein wenig märchenhaft klingen. Es war einmal ein Urknall, so viel scheint festzustehen, und die Welt bestand damals aus den Elementen Wasserstoff und Helium. Sterne wurden zu Kernreaktoren oder explodierten, und die schweren Elemente regneten als Asche der Sternenfeuer ins All. An die zehn Milliarden Jahre später kam kosmische Ordnung in den chaotischen Urnebel: Auf noch ungeklärte Weise entstanden Sonnen und Planetensysteme. So kam auch die Erde zur Welt: Gas entwich in den Weltraum, Staub verdichtete sich zu einer Kugel, die sich ein paar Millionen Jahre dafür Zeit nahm, eine Atmosphäre und Ozeane zu entwickeln. Flüssiges Magma trat an die Erdoberfläche und brachte Wasserdampf mit, der kondensierte. Irgendwann fiel mehr Regen als Wasser verdampfte, und es entstanden in den Senken die Meere. In der brodelnden Hexenküche im Erdinneren wäre demnach das Ur-Rezept für Atmosphäre und Hydrosphäre zu suchen. 1926 wurde erstmals am Kilauea-Krater auf Hawaii der Ausstoß des Vulkans direkt aufgefangen und analysiert. Neben verschiedenen Gasen wurde hauptsächlich Wasserdampf und auch Chlor gefunden, und zwar in einer Zusammensetzung, welche rein rechnerisch die Bildung der Atmosphäre, des Wassers und der im Meer gelösten Salze möglich erscheinen lässt. Bedrohliche Eruptionen als erdgeschichtliche Lebensspender: Allzu weit hergeholt ist das märchenhafte Bild der Teufelsmühle am Meeresgrund ja doch nicht.

Die Entstehung der Salzgebirge

Wir kehren indes an die sanften Gestade der Tethis zurück. Damals, im ausgehenden Erdaltertum, herrschte im späteren Österreich heißes, trockenes Wüstenklima. Sogar im Norden Skandinaviens und Grönlands waren bei angenehm milden Temperaturen Niederschläge selten. Nur am Nordpol, der sich noch nicht unter einer Eisdecke verbarg, gab es mehr Feuchtigkeit. Dort, wo heute Salz zu finden ist, lagen Flachmeere unter der sengenden Sonne. Auf dem Kontinent ließen die gewaltigen Temperaturunterschiede zwischen Tag und Nacht Gestein zerbröckeln und Sandkörner entstehen. Nach Regenfällen schwemmten Flüsse dieses Material an die Küste, wo es durch Meeresströmungen zu Wällen aufgehäuft wurde. Vom offenen Wasser abgeschnitten, verwandelten sich die Flachmeere in Lagunen, die nach und nach zu Schlammflächen verdunsteten. So entstand das älteste Baumaterial der Nördlichen Kalkalpen: Sandstein, Ton und salzführende Gesteine, das Salzgebirge. Bergleute können an seiner Zusammensetzung einiges über die spezifische Entstehungsgeschichte ablesen. »Grausalzgebirge«, durchsetzt von Anhydrit, deutet darauf hin, dass die Salzkonzentration im Meerwasser zeitweise für die Ablagerung von Steinsalz zu gering war. Das hoch konzentrierte »Rotsalzgebirge« stammt aus tieferen Lagunenabschnitten. Bei Regen einströmende Süßwasserflüsse verringerten die Salzkonzentration im oberen Bereich und brachten überdies Schlamm mit, der später zum »Schwarzen Salzton« wurde. »Grüntongebirge« bestehen hingegen vor allem aus einem Gemenge von Salz und grünen Tonbrocken, wie es im lebhaften Wellenspiel an den Ufern der Lagune entstand. Bleibt noch das »Bunte Salztongebirge« als Zeuge einer eher turbulenten Entwicklungsgeschichte: Bereits verfestigtes Material wurde abermals überschwemmt und gelöst und verband sich bei der nächsten Ablagerung mit Tonbrocken, aber auch mit Tuff und Lava von Vulkanausbrüchen.

Nachdem das Meer also vor 250 Millionen Jahren ein kostbares Geschenk an die Menschheit vorbereitet und höchst unterschiedlich verpackt hatte, trat es fünf Millionen Jahre später energisch über die Ufer, überflutete die alten Lagunenböden und sogar Teile des Kontinents. Die Ablagerungen von Salz und Ton befanden sich damit nicht mehr im seichten Uferbereich und wurden von Dolomit und dem

Kalk von Korallenriffen überlagert: das Baumaterial der schönsten Kletterberge in den Alpen. Im Wechselspiel zwischen wachsenden Kalkschichten und dem unter Druck elastisch gewordenen Salz gewannen die österreichischen Gebirgslandschaften allmählich an Charakter und Eigenart: Das Salz wurde in andere Bereiche gepresst, und dort, wo es nur dünne Kalkschichten gab, drängte es nach oben. Durch diesen bedächtigen Verdrängungswettbewerb entstanden im Kalk auch Spalten, die dann von neuen Kalkablagerungen gefüllt wurden. Ein Beispiel dafür sind die roten Hallstätter Kalke, in denen die versteinerten Gehäuse der Ammoniten von einer Zeit berichten, in der die Alpen noch unter dem Meeresspiegel lagen.

Fünfunddreißig Millionen Jahre sammelten die Alpen stetig steinerne Substanz, dann aber kam Dramatik ins Geschehen: Pangaea, der Urkontinent, hub an zu zerbrechen. Erst einmal entstand zwischen einem Landteil, der Afrika und Südamerika verband, und einem, der Nordamerika und Europa umfasste, eine Spalte, in der sich später der Atlantische Ozean breitmachte. Durch diese Bewegung wurden auch jene Küstenzonen zerrissen, die im heutigen Alpenraum lagen. Pangaea geriet aber auch in der Vertikalen in Bewegung: Meeresboden buckelte hoch und ließ so Kalkriffe entstehen, während er in anderen Bereichen absank und von dünnen Gesteinsschichten bedeckt wurde.

Diesem tektonischen Vorspiel folgte vor etwa hundert Millionen Jahren das himmelstürmende und ziemlich gewalttätige Schauspiel von der Entstehung der Alpen. Kontinente gerieten in Bewegung, gewaltige Gesteinsschichten schoben sich übereinander, wurden gegeneinandergepresst, aufgefaltet und gebrochen. Tiefe Risse zerteilten das Gestein, aus dem Verband gelöste Felsmassen wurden über weite Entfernungen verschoben. So ist auch das Salzgebirge der Hallstätter Zone ein Stück ambulantes Gebirge, ursprünglich südlich der heutigen Kalkalpen gelegen. Die Gesteinsmasse glitt nordwärts und kam in Mulden zu liegen, die dann zusammengepresst wurden. Damit geriet das Salzgebirge an die Oberfläche. Dagegen war die

Haller Salzlagerstätte seit jeher dort, wo sie noch heute ist. Dass die ursprünglich horizontal liegenden Schichten bei der Alpenfaltung gehoben, gebogen und tektonisch geknetet wurden, war zu erwarten.

Doch auch nach der dynamischen Phase der Gebirgsbildung veränderte sich das Bild der Alpen. Die Gletscher der Eiszeiten gruben Kare in den Fels, schärften Kämme und Bergspitzen, hobelten breite Täler aus und schufen Becken für die Seen. Später verwandelten Wasser und Wind die Oberflächengestalt. Bis zum heutigen Tag sorgt aber nicht zuletzt das Salz dafür, dass die Alpen in Bewegung bleiben. Noch immer verformt es sich unter dem Druck des darüberliegenden Gesteins. Beim Sandling und bei Bad Goisern kam es zu Bergstürzen, weil hochgepresstes Salzgebirge Feldgestein abspaltete. Auch im Bergwerk ist das Fließen des Salzes ein Vorgang, der sogar für ungeduldige Menschen nachvollziehbar ist: Im Grünen Haselgebirge des Hallstätter Bergwerkes braucht ein stattlicher Rechteckstollen keine fünfzig Jahre, um zu einer Lücke in der Größe eines Fuchsbaues zu schrumpfen. Andererseits beruhigt diese Eigenschaft des Salzes ängstliche Besucher unter Tage: Was fließt, bricht nicht.

Salz und Brot

Als vor rund hunderttausend Jahren die ersten Österreicher ihre hoch gelegenen Wohnhöhlen bezogen, die Drachenhöhle bei Mixnitz zum Beispiel oder die Salzofenhöhle im Toten Gebirge, handelte es sich um Nomaden, die mit einfachen Steinwaffen jagdbarem Wild nachstellten. Ihre Esssitten dürften demnach nicht die feinsten gewesen sein: Ihre Zähne waren kräftig genug, um im ersten Hunger ein paar blutige Stücke aus dem rohen Fleisch zu reißen, und dann gab es eben Braten am Spieß. Ohne es zu wissen, sorgten unsere grobschlächtigen Vorfahren mit ihrer Ernährung dafür, dass sie ihr lebensnotwendiges Quantum Salz bekamen. Vor etwa zehntausend Jahren setzte jene Warmzeit ein, die bis heute andauert und die wir mit dem Treibhauseffekt so gefährlich anheizen. Damals, als die Gletscher schwanden, kam eine höchst ungemütliche Landschaft zutage: steinige Böden, kahler, glatt geschliffener Fels, Ketten von Seen, die ganze Täler ausfüllten. Doch immerhin wurzelten an ihren Ufern in feinkörnigen Ablagerungen die ersten Pflanzen. Flechten und Moose, dann Gräser, Büsche und Sträucher, zuletzt Bäume eroberten nach und nach die Talböden und Hänge. Wo Pflanzen waren, gab es auch Tiere, und der Mensch konnte sich von allem ernähren, was da wuchs oder sich bewegte. Allmählich wurde es leichter zu überleben, und wo es genügend Nahrung gab, war es auch nicht mehr notwendig, ruhelos umherzuziehen.

In der Jüngeren Steinzeit setzte sich nach und nach eine bäuerliche Lebensweise durch: Haustiere wurden gehalten und weitergezüchtet, man sammelte Gräser nun auch mit der Absicht, sie als Getreide anzubauen und entdeckte die Fertigkeit, aus Ton Gefäße zu brennen. Damit war es erstmals möglich, Speisen zu kochen. Im Gegensatz zum Braten löst diese Zubereitungsart jedoch das Salz aus dem Fleisch. Salzlose Speisen bedingten aber eine zusätzliche Zufuhr von Salz. Notfalls konnte man sich damit behelfen, das Blut von Tieren zu trinken, wie es der afrikanische Stamm der Massai heute noch tut, aber allmählich gesellte sich zum instinktiven Verlangen nach der geheimnisvollen Würze auch noch eine unverhüllte Begier nach dem besseren Geschmack. Salz war damit zur begehrten Kostbarkeit geworden. Im Gegensatz zu den Bewohnern von Küstenländern mussten sich die frühen Älpler jedoch mit salzhaltigen Quellen behelfen oder im Tauschhandel die wertvollsten Güter für eine lächerlich kleine Menge des weißen Minerals hergeben. So kam es denn, dass auch in entlegenen, unwegsamen Gebieten wie dem Hallstätter Hochtal Salzvorkommen schon vor Tausenden Jahren entdeckt und genutzt wurden. In der Jungsteinzeit kamen die ersten Siedler hierher und ließen salzhaltiges Wasser auf erhitztem Stein verdunsten. Vermutlich hatten steinzeitliche Jäger hier oben Wild beobachtet, das an Tümpeln salziges Wasser leckte, und recht bald den Gedanken gefasst, diese natürliche Sole auch zu nutzen. Funde aus der Mittleren Bronzezeit weisen bereits unmissverständlich auf gezielte Salzgewinnung hin: Fünf große, aus Holz gezimmerte Bassins konnten nachgewiesen werden, die offensichtlich dazu dienten, wilde Quellsole zu sammeln, die dann in speziellen Tongefäßen versoffen wurde.

Gaumenfreuden in prähistorischen Salzbergwerken

Vor etwa dreitausend Jahren, als Rom noch tiefste Provinz war, der blinde Dichter Homer die Odyssee verfasste und in der Gegend von Wien Bären und Wölfe durch dunkle Wälder strichen, wagten sich 450 Meter über dem Hallstätter See bereits Menschen an den bergmännischen Abbau von Salz.

Damals wurde in den Anlagen der »Nordgruppe« damit begonnen, einen wahrscheinlich schachtartigen Bergbau anzulegen, mit dem man der Salzstruktur »im Fallen«, also in die Tiefe, folgte. Im Füllmaterial der prähistorischen Salzbergwerke, dem Heidengebirge, wurden nicht nur zahllose abgebrannte Leuchtspäne und zerbrochenes Werkzeug gefunden, sondern auch seltsame fladen-

Noch vor wenigen Jahrzehnten unterschied sich die Arbeit des Häuers nur in Details von der seiner prähistorischen Vorfahren.

artige Gebilde, in denen mit bloßem Auge Getreidespelzen zu erkennen sind. Diese Objekte archäologischer Begierde wurden noch im Jahre 1886 diskret für Rossknödel gehalten, ungeachtet der Tatsache, dass es wohl sehr schwierig gewesen sein dürfte, Pferde in Stollen zu treiben, die gerade noch für Menschen Platz hatten. Letztere erwiesen sich denn auch als Produzenten besagter Fladen. Wissenschaftliche Untersuchungen entdeckten dann Eier von Darmparasiten wie Spulwürmer oder Fadenwürmer: Auch ein Hinweis auf unvollständige Verdauung. Die appetitlicheren Bestandteile dieser prähistorischen Hinterlassenschaften geben jedenfalls Hinweise auf die Essgewohnheiten der ersten Knappen: Gerste mit Weizen,

Hirse und Bohnen. Aber auch Funde von Tierknochen können als Ernährungsreste gedeutet werden. Die zoologische Bestimmung ergab Deftiges: Lammhaxen, Sauhaxen, Gemsenhaxen, Lammschwafferl, Sauschwafferl, Ochsenschlepp, Rindskopf, Schweinsrippen und auch noch zwei bessere Fleischstücke, nämlich Hirschschlögel und Schweinsschlögel. Durch Braten waren jedenfalls die meisten dieser Zutaten nicht weichzukriegen: Es wurde also gekocht.

Dem gelernten Österreicher drängt sich hier der Gedanke an ein nach wie vor aktuelles und sehr traditionsreiches Gericht auf: das Ritschert. Dieser nicht eben kalorienarme Eintopf besteht meist aus Rollgerste und Bohnen, nebst geselchtem Schweinefleisch, Gänsestücken und Klachelfleisch, den schwartenreichsten Teilen des edlen Borstenviehs. Es könnte also tatsächlich sein, dass wir in Hallstatt nicht nur staunend vor den Zeugen einer kulturell hochstehenden Menschheitsepoche stehen, sondern es auch noch mit einer dreitausend Jahre alten Esstradition zu tun haben. Es gibt übrigens eine Reihe von Indizien dafür: In zwei Bestattungsstellen des Hallstätter Gräberfeldes wurden sogenannte »Siedefleischhaken« gefunden, Gabeln aus Bronze, mit denen nahrhafte Stücke aus der Suppe gefischt werden konnten – oder eben aus dem prähistorischen Ritschert.

Eine aufwendige Schlämmanlage, 1990 von den Österreichischen Salinen finanziert, macht es überdies möglich, den Bodensatz der alten Bergwerke aufzulösen und auch kleinste Teile auszusieben. Dabei stieß man auf Scherben schwarzgebrannter Tontöpfe, die in über hundert Meter Tiefe gefunden wurden und beinahe fünfzig Liter fassten. Die Existenz eines derart unhandlichen Gefäßes in der Enge eines Bergwerkes kann eigentlich nur bedeuten, dass der Topf nur einmal in den Berg gebracht wurde und von da an dort seinen Dienst tat. Ein weiterer Fund bestätigte diesen Gedanken: Ein großer Kochlöffel, in dessen dicker Kruste noch Hirsekörner zu erkennen sind. Hallstatts prähistorische Knappen kochten demnach unter Tage, darauf weisen auch zahlreiche Funde von unvollständig verbranntem Astholz hin. Auch ein mit einer Pechschichte bedeckter Fächer wurde gefunden, der offensichtlich dazu diente, dem rußenden Feuer Sauerstoff zuzuführen. Loderte es erst einmal lustig, war einiges erreicht: Der Arbeitsplatz wurde beleuchtet, und die aufsteigende Hitze schaffte verbrauchte Luft aus dem Bergwerk,

Ein Kochlöffel als Zeuge prähistorischer Küche.

während Frischluft entlang der Sohle eindrang, es wurde also eine »thermische Bewetterung« unterstützt. Im Feuerschein, bei halbwegs guter Luft und nahrhaftem Essen ließ es sich offensichtlich ganz gut leben unter Tage, und wer das dringende Bedürfnis verspürte, den Stoffwechselvorgang abzuschließen, verließ wegen solcher Kleinigkeiten nicht das Bergwerk, schon gar nicht im Winter.

Dr. Eckart Barth vom Naturhistorischen Museum Wien, der die Ausgrabungen in den prähistorischen Salzbergwerken leitete, machte sich übrigens die Mühe, das historische Arbeitsessen der Hallstätter Knappen nachzukochen, und ist nach einigen Versuchen zu einem durchaus überzeugenden Ergebnis gekommen. Hier ist das Rezept für sechs Erwachsene oder vier Bergleute:

100 g Saubohnen
50 g Rollgerste
200 g Hirse
500 g Klachelfleisch (Schweinsfüße, Ohren, Schädel, Stelzen)
Salz, Bohnenkraut, Thymian und Essig

Die Bohnen werden über Nacht eingeweicht, dann wird im Bohnenwasser das Fleisch weichgekocht. Die Rollgerste kommt dazu und später auch die Hirse. Kurz dünstet das Gericht zugedeckt im Rohr vor sich hin, schließlich wird mit Essig und Kräutern abgeschmeckt – und natürlich mit Salz. Wer es etwas feiner haben will, kann vor dem Servieren auch noch geschnittenen Schnittlauch oder feingehackte Zwiebel über das Gericht streuen.

Das Salzfass der Natur

Wohl dem, der es sich in sehr vergangenen Tagen leisten konnte, Salz in seine Speisen zu geben. Für die ärmere Bevölkerung in den Alpen war gekauftes Küchensalz durch Jahrhunderte kaum erschwinglich. Was lag also näher, als sich an alte Familienüberlieferungen zu erinnern, der Bedeutung fast schon vergessener Flurnamen nachzuspüren und sich am großen Salzfass der Natur selbst zu bedienen? Immerhin hat ja auch das Wildern in den Alpen eine zwar nicht ehrwürdige, so doch stolze Tradition. Warum also nicht zur Selbsthilfe greifen, wenn die Zeiten schlecht waren und die Verdienstmöglichkeiten erbärmlich. Die Bauern von Weißenbach bei St. Gallen in der Steiermark waren sogar kühn genug, ungeachtet aller landesfürstlichen Anordnungen und Drohungen im Haidachstock das Haselgebirge, ein Salzgestein, abzubauen. Üblicherweise wurde aber salzhaltiges Wasser genutzt, obwohl die Monopolverwaltung angeordnet hatte, Solequellen unzugänglich und unbrauchbar zu machen. Nachdem aber die Bauern immer noch ein wenig erfinderischer waren als irgendwelche Ämter, wussten sie sehr wohl, wie sie an das salzige Nass herankommen konnten, und mehr noch: Es gab sogar gütlich vereinbarte Regeln, die dafür sorgten, dass die heimlichen Soleentnehmer einander nicht in die Quere kamen und auch wirklich jeder Haushalt in der Umgebung versorgt werden konnte. In den Küchen wurde dann ganz einfach Salzwasser zur Speisenbereitung genommen. Doch auch das Salzsieden am trauten Herd ist überliefert. Solch frevelhaftes Tun musste natürlich unauffällig geschehen – der kupferne Küchenkessel war dafür denkbar ungeeignet. Darum wurden sogenannte »Hitzsteine« in die Sole geworfen, wie sie im bäuerlichen Haushalt auch für die Zubereitung von Badewasser oder Waschwasser Verwendung fanden. Bis in das 20. Jahrhundert standen in bäuerlichen Küchen oder in Almhütten auch immer Tongefäße, »irdene Häfen«, neben den Feuerstellen, und wenn in einem davon nicht Wasser, sondern Salzwasser betulich vor sich hin sott, brauchte das keinen zu kümmern. So entstand in jenen Stunden, in denen ohnedies gekocht wurde, vollgrädige Sole, die dann zusammen mit den Hitzsteinen in einen Holztrog kam, wo die Salzkristalle ausfielen. Zum Trocknen gab es Körbe. So wurde in der schönen Jahreszeit ein kleiner Salzvorrat angehäuft, der dann im Winter zur Verfügung stand, wenn Schnee und Eis die Salzquellen wirksamer schützten als landesfürstliche Verordnungen.

Vergangenheit mit Zukunft

Eines der erstaunlichsten Salzvorkommen Österreichs findet sich in den Einwohnern dieses Landes: etwa 180 Tonnen. Jeder Mensch trägt an die 200 Gramm Salz in sich. Das Mineral ist zum Teil in den Knochen fest gebunden, zirkuliert aber auch mit Blut und Gewebewasser durch unsere Körper. Ohne Salz könnten die Zellen nicht leben, würden die Organe nicht funktionieren und der Wasserhaushalt geriete aus dem Gleichgewicht. Salz sorgt dafür, dass lebenswichtige Mineralstoffe und Spurenelemente in die Körperzellen gelangen und steuert die Funktion der Nieren. Salz sorgt dafür, dass Nervenzellen kommunizieren und Muskelzellen angespannt werden: keine Bewegung, keine Kraftentfaltung ohne Salz. Das menschliche Salzvorkommen ist auch emotional und sinnlich erfahrbar: Tränen schmecken nach Salz. Übrigens sind nicht alle Tränen gleich: Solche, die als Ausdruck einer starken Gefühlsbewegung fließen, enthalten deutlich mehr Eiweißstoffe und Hormone als jene, die nur zur Befeuchtung des Augapfels dienen.

Daraus den Schluss zu ziehen, dass es für unser Wohlbefinden, die Gesundheit und Leistungskraft gar nicht genug Salz im Körper geben könne, wäre allerdings fatal. Ein zu hoher Salzkonsum belastet Herz und Kreislauf, der übermäßige Genuss von salzhaltigen Speisen könnte im Zusammenhang mit Magenkrebs stehen und die Ursache von Nierenerkrankungen sein. Um den täglichen Salzverlust auszugleichen, genügt die Zufuhr vom etwa einem Gramm – und schon eine Wurstsemmel enthält mehr als die doppelte Menge Salz! Dennoch schreibt Salz seit dem Altertum Menschheitsgeschichte: als kostbare Würze, vor allem aber auch als Konservierungsmittel.

Das vielseitige Natrium-Chlorid-Kraftpaket

Erst die Industrialisierung ließ den elitären Wert des »weißen Goldes« schwinden. Salz war fortan für alle preiswert zu haben. Dennoch ist dieses erstaunliche Mineral heute weltweit wichtiger denn je. Das liegt am kraftvollen Miteinander von Kontinuität und Innovation, das jeder Salzkristall in sich trägt und ihn zu einem zeitlosen Erfolgsmodell macht.

Dieses Natrium-Chlorid-Kraftpaket hat die Form eines Würfels. So weit, so einfach. Doch dieser Würfel hat es in sich, nämlich drei Achsen, an denen abwechselnd Natrium- und Chlor-Ionen angeordnet sind. Es kommt aber noch besser: Jedes Chlor-Ion schart oktaedrisch sechs Natrium-Ionen um sich, und umgekehrt halten es so die Natrium-Ionen mit Chlor-Ionen. Weil es aber jeweils nur sechs Ionen im Achteck sind, werden die verbleibenden Lücken von Anionen und den etwas kleineren Kationen besetzt. Alles zusammen ballt sich zum Superlativ, der dichtesten Packung von Kugeln in einem Kubus. Dieses Universum hat in einem Würfel mit der unvorstellbar kleinen Kantenlänge von 0,00000096 Millimeter Platz. Solch atomares Getümmel in Form einer mineralogischen Mikrominiatur erweckte eines Tages den wissenschaftlichen Ehrgeiz, ein Objekt von pädagogischem, aber auch kreativ-künstlerischem Wert zu schaffen. Robert Krickl, sub auspiciis promovierter Mineraloge, entschied sich zwecks Anschaulichkeit für den Vergrößerungsfaktor von fast einer Milliarde. Am Ende war eine – natürlich würfelförmige – Skulptur entstanden: 40 000 Kugeln, verbunden durch Stäbe von insgesamt fast elf Kilometern Länge: die größte dreidimensionale Nachbildung der atomaren Struktur eines Festkörpers, die jemals in der Menschheitsgeschichte angefertigt wurde.

Das Vorbild: ein winziger Salzkristall, nur unter dem Mikroskop zu erkennen. Weltrekord, na klar, ein salziges Lehrstück über die Größe im Kleinen, aber auch eine wahrlich unübersehbare Würdigung der Verdienste von Nobelpreisträgern: Carl Röntgen, dessen nach ihm benannte Strahlen wesentliche Fortschritte in der Erforschung von Kristallstrukturen brachten, sowie Vater und Sohn

Das Modell eines Salzkristalls, Vergrößerungsfaktor fast eine Milliarde. Der Mineraloge Robert Krickl, im gleichen Maßstab gewachsen, wäre etwa doppelt so groß wie der mittlere Abstand zwischen Erde und Mond.

Bragg, die mit Hilfe von Röntgens strahlendem Vermächtnis den Bauplan von Kristallen entdeckten.

Doch bei aller mikrokosmischen Komplexität gilt: Im Grunde genommen ist die Welt des Salzes überschaubar. Die weltweit größten Salzproduktionsländer sind China und die Vereinigten Staaten von Amerika. Mit deutlichem Abstand folgen Indien, Deutschland, Australien und Chile. Doch auch Österreich gehört trotz des recht bescheidenen Anteils von 0,4 Prozent zu dieser illustren Runde. Aus europäischer Sicht fällt der Vergleich eindrucksvoller aus: Das salzreiche Österreich gehört hier ins obere Mittelfeld: über eine Million Tonnen Salz pro Jahr – entschieden zu viel für das Befüllen von Salzstreuern. Weltweit werden an die dreihundert Millionen Tonnen Salz jährlich produziert, so viel, wie alle Menschen dieser Erde gemeinsam auf die Waage bringen. Nach seinem über Jahrtausende gültigen Rollenbild ist das Salz vor und hinter den Kulissen offenbar zum international erfolgreichen Universaldarsteller geworden: ein Mineral, dem so gut wie alles zuzutrauen ist. Doch nur etwa drei Prozent werden für die menschliche Ernährung verwendet.

Salz vermeidet in Enthärtungsanlagen die Ablagerung von Kalk in Wasserleitungen, wird in der keramischen Industrie für Glasuren verwendet, kommt bei der Oberflächenveredelung von Stahl durch Galvanisierung zum Einsatz und verbindet in Färbereien die Farbe besser mit der Faser. Es gibt tausende von Produkten, für deren Herstellung Salz wertvolle Grundstoffe liefert. Um dieses weite Spektrum von Nutzanwendungen vor allem in der chemischen Industrie zu erschließen, spalten Stoffumwandlungen wie die Elektrolyse das Salz vor allem in die Elemente Chlor und Natronlauge. Chlor hilft unter anderem wesentlich dabei, einem der großen Zukunftsziele näher zu kommen: Energieeffizienz durch Leichtbauweise. Chlor steckt im Epoxidharz für die Rotoren von Windrädern und verringert das Gewicht von Elektroautos, Natronlauge ist vor allem für die Herstellung von Aluminium von wesentlicher Bedeutung. Dieses silbrig glänzende Metall ist heute nach dem Stahl der zweitwichtigste metallische Werkstoff, unentbehrlich in Fahrzeugen aller Art, aber auch für die Bauindustrie im konkreten Sinne des Wortes von tragender Bedeutung.

Mit Salz in die Zukunft

Doch auch für das Salz hat die Zukunft längst begonnen. Durchaus denkbar, dass die Nützlichkeit jener Salzvorkommen, die wir alle in uns tragen, schon bald eine neue Komponente bekommt. Da könnten sich schon bald in unseren Körpern winzige Roboter tummeln, deren Arme und Hände, verbunden mit weichen, sogar zartfühlenden Sensoren im Dienste der Medizin stehen. Im Rahmen eines EU-Forschungsprojektes gelang es an der Cambridge University ein Material zu entwickeln, das die Fähigkeit hat, die Ionenleitung im menschlichen Körper wahrzunehmen und überdies Belastung, Temperatur und Feuchtigkeit zu erfassen. So wird es möglich sein, bislang nicht zugängliche Informationen zu gewinnen, Botschaften aus den Innenwelten unseres Lebens zu empfangen. Nur ein Beispiel: Muskeln werden angespannt, das Gehirn empfängt zahlreiche Informationen, analysiert, bewertet, fügt dieses Ereignis in das

Gesamtbild des Körperzustands ein und reagiert umfassend. Wie funktioniert diese spezielle Kommunikation in Detail?

Die sehr filigranen und sensiblen Roboterwesen werden aus dem 3D-Drucker kommen und bestehen aus einem Gemisch auf Gelatinebasis und – wir haben es geahnt – Salz. Dieses Mineral sorgt für ein dauerhaft haltbares Endprodukt, stabil, ohne auszutrocknen.

Salz bewirkt aber auch ein fast schon wundersames Detail am Rande: Das neue Material hat die Fähigkeit, sich selbst zu heilen – wenigstens vorübergehend, Zimmertemperatur vorausgesetzt. So ist das eben mit dem Salz: Alles ist möglich, auch heute noch kaum Vorstellbares.

Der Vielfalt und Vielschichtigkeit der Produkte und Nutzanwendungen steht die Tatsache gegenüber, dass es im Grunde genommen nur drei Arten von Salzgewinnung gibt:

Meerwasser wird in flache Becken geleitet und verdunstet mit Hilfe der Sonne. Das Ergebnis: Meersalz.

Für Siedesalz wird das Natriumchlorid durch Wasser aus dem Gestein gelöst. Die so entstehende Sole verdampft in der Saline.

Steinsalz wird bergmännisch oder auch durch Maschinen abgebaut und dann gemahlen.

Weltweit gültigen Grundlagen steht allerdings die individuelle Prägung der Produzenten gegenüber, ihrem wirtschaftlichen und kulturellen Umfeld entsprechend. Dieses Buch hat Salz aus Österreich zum Thema, das, wie es in diesem Lande so der Brauch ist, tief in der Geschichte wurzelt.

Salz aus Tradition: die Österreichischen Salinen

Die Österreichischen Salinen zählen zu den ältesten Unternehmen der Welt und seit jeher auch zu den kreativsten. Davon zeugt unter anderem jene Sole-Pipeline zwischen Hallstatt und Ebensee, die seit 1595 besteht: Als Freigefälledruckleitung vermag sie Hoch- und Tiefpunkte des Geländes aus eigener Kraft zu durchlaufen. So stand und steht die österreichische Salzgewinnung im Spannungsfeld zwischen Tradition und Erneuerung.

Natursalz, auch Ausseer Bergkern genannt, wird im Salzbergwerk Altaussee noch immer nach traditioneller bergmännischer Art und Weise abgebaut.

Heute wie damals geht es darum, Bewährtes zu bewahren und Veränderung zu wagen. Dem entspricht die aktuelle Produktpalette, in der Speisesalz und Industriesalz einander friedfertig ergänzen, Auftausalz für Sicherheit auf Österreichs Straßen sorgt, während Lecksalz und Viehsalz wie eh und je elementare Bedürfnisse unserer vierbeinigen Mitbewohner befriedigen. Kaliumsalz, eigentlich ein Nebenprodukt, steht als Dünger in der ökologischen Landwirtschaft im Mittelpunkt, Tablettensalz für die Wasseraufbereitung und Industriesalz öffnen Türen für eine sehr vielversprechende Zukunft, während in der Salzmanufaktur in Hallein von kundiger Hand wieder feinstes Pfannensalz geschöpft wird: ätherisch zarte Flocken, die österreichische Antwort auf »Fleur de sel«.

Jahr für Jahr gibt es mehr Salz aus Österreich, die Unternehmensgruppe mit ihren internationalen Niederlassungen wächst über sich hinaus: Zwei Salinen in der Türkei sollen auch in ferner Zukunft die Versorgung sichern. Es geht aber auch darum, für besonders hochwertige Produkte wie das Pharmasalz in höchster Reinheit, effizientere Vertriebswege und neue Märkte in Asien zu erschließen.

Die Geschichte der österreichischen Salzgewinnung hat ihre Anfänge vor 7000 Jahren in einem Hochtal in den Bergen. Zukunftsweisender Bergbau, ausgetüftelte Logistik, weltweite Handelsbeziehungen, Salz als Wirtschaftsfaktor und Kulturträger einer Region: als Salzkammergut einzigartig noch heute. Die Zukunft darf kommen.

Hallstattzeit

Globalisierung ist zwar ein neues Schlagwort, doch schon vor etwa dreitausend Jahren begann im Bereich des heutigen Europa die Welt damit, näher zusammenzurücken. Gegen Ende der Bronzezeit etablierten sich die Etrusker als bestimmende Handelsmacht, die Griechen kolonisierten die nordwestlichen Mittelmeerküsten, die Phönizier importierten Zinn aus Britannien, und über weite Strecken wurde auf Saumpfaden und Wasserwegen schon damals mit Salz gehandelt. Je lebhafter die Handelsbeziehungen wurden, desto rascher breiteten sich auch wirtschaftliche und gesellschaftliche Neuerungen aus.

An die 4000 Jahre vor Christus hatte in Hallstatt der bergmännische Abbau von Salz begonnen: ein wagemutiges, langwieriges Unterfangen ohne sichere Aussicht auf Erfolg. Immerhin mussten zuerst bis zu sechzig Meter Moränenmaterial und ausgelaugter Ton durchstoßen werden, und dann galt es erst, im Haselgebirge möglichst reine Salzzüge zu finden, denen dann ohne kleinliche Bedenken in die Tiefe gefolgt wurde: Dreihundertfünfzig Meter unter der Oberfläche wurden in Hallstatt noch Spuren prähistorischen Bergbaus entdeckt. Nach etwa hundert betriebsamen Jahren wurde das erste Bergwerk – heute der Nordgruppe zugeordnet – stillgelegt, und zwar planmäßig, wie das aus der Anordnung und Beschaffenheit der Fundstücke abzulesen ist. Die Ursachen dafür könnten durchaus zeitgemäßer Natur gewesen sein: der Verlust von Märkten oder die Behinderung von Handelswegen durch Kriege. Jedenfalls drang in den folgenden Jahren auch noch Wasser ein, das Bergwerk ersoff und versandete.

Ein Lederschuh und ein Hirschgeweihpickel aus den hallstattzeitlichen Salzbergwerken in Hallstatt.

Der Mann im Salz

Wenig später entstanden die Bergwerke der Ostgruppe. Im Gegensatz zur schachtartigen Anlage der Nordgruppe wurde hier das Salz dem Streichen folgend abgebaut, die Stollen führen annähernd waagrecht durch die Lagerstätte. Im 4. Jahrhundert v. Chr. endete dieser Bergbau mit einer schrecklichen Katastrophe: Es kam zu einem massiven Tagwassereinbruch, reißende Fluten füllten die Stollen und Laugwerke, rissen Teile der Oberfläche mit sich, und Muren füllten die Hohlräume. Dieses dramatische Gemenge aus Materialien, Werkzeugen und Menschen, das »Heidengebirge«, ist bis heute Zeuge jener schrecklichen Minuten und Stunden, in denen ein reicher, betriebsamer Bergbau sein Ende gefunden hat. Damals hat vermutlich auch jener Knappe sein schreckliches Ende gefunden, der im Frühjahr 1734 gefunden wurde: halb freigewässert, nur der Oberkörper steckte noch im Gebirge. Außerdem war die Leiche ziemlich flach gedrückt. Der Wochenbericht im Werkefaszikel notiert

> »einen nadierlichen Cörber von ainem Toten menschen … Selbiger in das Gebirg völlig verwachsen, doch sicht man noch von

seinem rockh etlich flöckh, wie auch die Schuech an denen hießen und dises Verursachet in der Wöhr ain seer yblen Geruch.«

Hastig wurde der grausige Fund ins Tal gebracht, wo sich auch gleich ein Kapuzinerpater namens Matthias wichtigmachte: Ein böser Geist aus einer »wahrhaft besessenen Weiberperson« habe ihm verraten, dass der tote Bergmann ein gewisser Andrä Liezinger gewesen sei, verheiratet, ein braver Katholik und vor hundertfünfzig Jahren zu Tode gekommen. Doch schon die lateinische Eintragung ins Matrikenbuch des Hallstätter Pfarramtes weiß es besser, hier ist die Übersetzung: »Am 3. April wurde ein unbekannter Mann begraben, der im Salzberg zu Hallstatt vor zwei Tagen gefunden worden ist. Er war zum Großteil unverletzt, aber zusammengedrückt. Er soll vor hundert oder mehr Jahren von einem Salzflöz verschüttet worden sein. Er wurde im Kilbwerk des Josefsberges ausgegraben und im Friedhof dennoch beigesetzt, obwohl es nicht erlaubt war, weil er Heide und nicht katholisch gewesen ist.« Ein Jahr nach der Entdeckung des »Mannes im Salz« hielt eine Kommission im Berg Nachschau, stellte schaudernd fest, dass offenbar noch weitere Leichen vorhanden waren, und ließ das Sinkwerk zuschütten.

Die entschlossene Entsorgung des armen Heiden und das deutliche Desinteresse an weiteren Entdeckungen ist natürlich heute ein mehr als schmerzlicher Verlust für die Wissenschaft, doch immerhin gibt es auch realistische Gründe für die Annahme, dass sich ein solcher Fund wiederholen könnte. Der beklagenswerte »Mann im Salz« teilte sein Schicksal nämlich mit vielen anderen, die mit ihm unter Tag arbeiteten.

Die Entdeckung des Hallstätter Gräberfelds

Jedenfalls beendete das schreckliche Unglück im Berg eine Phase glänzenden Reichtums mit weltweiten Handelsbeziehungen und fruchtbarem Kulturaustausch. Hallstatt erlebte damals eine erste Hochkonjunktur. Erlesener Luxus und Kunstverstand prägten den Alltag, und im Leben nach dem Tode gab es erst recht keinen An-

Die sehr gut erhaltenen Überreste eines prähistorischen Bergarbeiters, geborgen aus dem Hallstätter Gräberfeld.

lass zur Bescheidenheit: Bernstein aus der Ostsee fand sich in den Gräbern, Bronzegeschirr aus dem Donauraum, Glas aus Italien und Elfenbein aus Afrika. Johann Georg Ramsauer entdeckte Mitte des 19. Jahrhunderts jenes berühmte Gräberfeld, das einer ganzen Menschheitsepoche den Namen »Hallstattzeit« gegeben hat. Ramsauer war ein gelernter Bergmann, dem wissenschaftliche Arbeit völlig fremd war, und doch zählt er zu den wichtigsten Pionieren archäologischer Forschung. Planmäßiges Vorgehen, exaktes Vermessen und Skizzieren des Fundortes, die Dokumentation und Deutung der Fundstücke waren sein Werk. Trotzdem erfasst heutige Archäologen ohnmächtige Wut, wenn sie vom damaligen Alltag am Ausgrabungsort lesen. Erst einmal griff die Hofkammer recht ungeniert nach den schönsten Funden, dann zeigte sich die Landesregierung begierig. Bei Graböffnungen gab es neugierige Scharen nobler Sommergäste aus Ischl, denen man den bescheidenen Wunsch nach einem prähistorischen Andenken nicht gut abschlagen konnte. Dennoch bleibt das Verdienst Ramsauers ungeschmälert, vor über hundertfünfzig Jahren umsichtig, mit großem Verantwortungsbewusstsein und vorausblickend gehandelt zu haben.

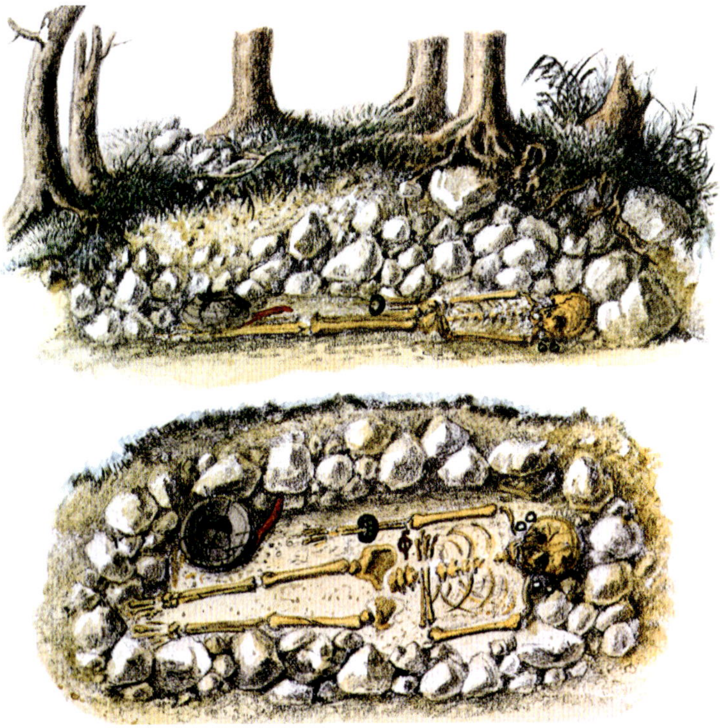

Johann Georg Ramsauer und Isidor Engl sorgten für jene Skizzen und Aquarelle, die als unschätzbar wertvolle Dokumentation des Hallstätter Gräberfelds erhalten geblieben sind.

An einen neuen Anfang in diesem verwüsteten Bereich des Hochtales war für Jahrzehnte, wenn nicht für Jahrhunderte nicht zu denken. Zwar gab es Versuche, an die alten Lagerstätten wieder heranzukommen, doch blieben sie erfolglos.

Das dritte Bergwerk aus vorgeschichtlicher Zeit wurde erst drei Jahrhunderte später, weiter oben, am Fuße des Plassen, in Betrieb genommen. Hier gerieten Geschichte und Vorgeschichte übrigens schon sehr früh ineinander, weil der historische Bergbau dieses prähistorische Werk als erstes anschnitt. Doch leider waren vor Hunderten von Jahren solche Begegnungen mit der Vergangenheit noch nicht Gegenstand wissenschaftlichen Interesses. Immerhin gibt es sporadische Erwähnungen in den Salinenakten und spärliche Fundstücke, aus denen wenigstens Lage und Ausdehnung dieses größten prähistorischen Reviers zu ersehen sind.

Salzbergbau am Dürrnberg

Auf dem Dürrnberg bei Hallein begann der bergmännische Abbau von Salz um die Mitte des 6. Jahrhunderts v. Chr. Damals hatten die Hallstätter schon einige Jahrhunderte Erfahrung im Salzbergbau gesammelt, sie waren mit den Gebräuchen und Unsicherheiten des Handels vertraut und machten zunehmend schmerzliche Erfahrungen mit Unglücksfällen und Naturkatastrophen. Es ist also durchaus denkbar, dass vermögende und weitblickende Hallstätter Salzherren in dieser Situation eine moderne unternehmerische Entscheidung trafen: Sie schufen einen zweiten Standort, um die Produktion auszuweiten und abzusichern. Dazu waren beträchtliche Investitionen notwendig, weil wenigstens fünf Jahre Vorarbeit vonnöten waren, bis endlich ertragreiche Schichten ausgebeutet werden konnten. Wohl gab es schon damals hoch spezialisierte Werkzeuge und eine erprobte Organisation, doch die Arbeit unter Tage war dennoch unendlich mühsam. Sieben bis acht Knappen, Häuer, Förderer und Beleuchter schufteten im Schichtbetrieb. Dabei bewältigten sie pro Monat etwa einen Meter Streckenvortrieb. So gesehen ist die Gesamtleistung mehr als eindrucksvoll: 4 100 Meter Streckenlänge hat man in den prähistorischen Bergwerken von Hallstatt gemessen, 4 350 Meter im Dürrnberg. Die tatsächlichen Ausmaße waren aber mit Sicherheit noch größer.

Wie gefährlich die Arbeit unter Tage war, beweist unter anderem der Fund von zwei Salzleichen im Dürrnberger Bergbau. Die 1666 erschienene »Salzburgische Chronica« von Franz Dückher von Hasslau zu Wickl berichtet:

> »Anno 1573 ein erschröcklicher Comet-Stern erschienen / und den 26. Dieses Monats im Salzberg Türnberg 6 300 Schuh tieff im ganzen Berg ein Mann 9 Spannen lang mit Fleisch / Bein / Haar / Bart und Kleidung ganz unverwesen / jedoch etwas breit zusammengeschlagen / am Fleisch ganz geselcht / gelb und hart wie ein Stockfisch / außgehaut worden / auch etlich Wochen bey der Kirchen allda männiglich zu sehen gelegen: Endlich aber

Die Arbeitswelt der bronzezeitlichen Bergleute im Salzbergwerk Hallstatt nach aktuellem Forschungsstand.

angefangen zu faulen und begraben worden; der muß nun vor Menschen Gedencken in dem Berg verschiit / darin verwachsen und vom Salz so lang ohne Faulung erhalten seyn / zu weiln Schuh / Kleider und hülzerne Bickel im ganzen Stein verwachsen gefunden werden.«

Der edle Chronist irrte sich im Jahr des Ereignisses, wie aus dem amtlichen Schriftverkehr zu diesem Anlass hervorgeht. Der Halleiner Pflegerverwalter berichtete nämlich pflichtschuldigst an seinen allerhöchsten Vorgesetzten, den Erzbischof Johann Jakob von Khuen-Belasy, und nannte das Jahr 1577. Auch Details der Bergung stehen in diesem Schreiben nachzulesen: Beim Herausarbeiten der Leiche aus dem Haselgebirge sei ein Schenkel abgebrochen. Man habe diesen aber zu den anderen Teilen in eine Truhe gelegt. Der Salinenverwalter argwöhnte ganz richtig, dass die »todt Leych« auch aus heidnischer Zeit stammen könne, und bat daher um Verhaltensmaßregeln. Der Erzbischof ordnete an, den Fund an einen sicheren und kühlen Ort zu bringen, wo er besichtigt werden konnte.

An die vierzig Jahre später, in der Regierungszeit des Markus Sittikus von Hohenems, gab das Haselgebirge wieder eine Leiche frei. Der Wiederholung müde, begnügte sich der Chronist diesmal mit einer Vier-Zeilen-Notiz:

> »Anno 1616 hat man abermal im Salz- und Türnberg im Stollen oder Auffschlag St. Georgen ein ganzen Mann mit Haar / Fleisch / Haut und Bein auß dem ganzen Stein außgehauen / und etlich Jahr biß er angefangen zu faulen bei den Stollen Clamreis in dem Cämmerl behalten / daß ihn männiglich sehen können.«

Obwohl die beiden Funde in Dürrnberg viel früher gemacht wurden als jener in Hallstatt, pflegte man im Salzburgischen offensichtlich einen anderen, weniger befangenen Umgang mit Salzleichen. Kein Mönch schritt herbei, um düstere Beschwörungen vorzunehmen, kein Totengräber beeilte sich, das grausige Relikt möglichst rasch unter die Erde zu bekommen, wohliges Schaudern und unverblümte Neugier überwogen so lange, bis der Bote aus der Vorzeit wirklich nicht mehr gesellschaftsfähig war. Ludwig Ganghofer hat dem »Mann im Salz« mit seinem gleichnamigen Roman ein literarisches Denkmal gesetzt und gleichzeitig eine Sünde begangen, die dem Heimatdichter nicht verziehen werden kann, auch wenn er aus Bayern stammt: Er verlegte den Fundort kurzerhand nach Berchtesgaden.

Bedeutende Funde

Wie auch immer: Trotz aller Unglücksfälle und Erschwernisse war der Salzbergbau im Dürrnberg für seine prähistorischen Unternehmer ein schöner Erfolg. Das beweisen auch Gräber aus der Hallstattzeit und der folgenden Laténe-Zeit: Teile kostbarer Frauenkleidung wurden gefunden, wie Haarnetze mit kleinen Ringen aus Bronze oder gar Gold, Bernsteinperlen und ganze Colliers, Beinringe aus

Bronze, Blechgürtel und kunstvoll gestaltete Fibeln aller Art – die Vorgänger unserer Sicherheitsnadeln. In den Männergräbern kam zur Tracht auch noch die Bewaffnung: ein Lappenbeil für den Nahkampf, ein Satz von drei Wurflanzen und schön verzierte Dolche mit Koralleneinlagen.

Die berühmte latènezeitliche Schnabelkanne vom Dürrnberg, ein Meisterwerk des frühkeltischen Metallhandwerks.

Mit den Kelten und ihren regen Handelsbeziehungen zu den Griechen, den Etruskern und später den Römern kam auch auf den Dürrnberg ein neuer, weltoffener und eleganter Lebensstil. Im Ramsautal entwickelte sich eine Gewerbesiedlung mit massiven Blockwandbauten: Hier entstanden Arbeitsgeräte für den Bergbau, aber auch Kunsthandwerk in einer erstaunlichen Vielfalt von Formen und Mustern. Die Fibeln wurden nun mit kunstvollen Darstellungen aus dem Tierreich verziert, Kopfreifen aus Bronze kamen auf und zierliche Halsreifen mit blauen Glasperlen. Armreifen aus dunkelblauem Glas waren besonders beliebt, die Gürtel hatten zierliche Haken und waren manchmal aus Ketten mit schön gegossenen Kreuz-Ringgliedern gearbeitet. Einer der wichtigsten Funde ist eine kostbare Schnabelkanne, deren Original im Museum Carolino Augusteum in Salzburg ausgestellt ist. Auch die Bewaffnung der Männer hatte sich gewandelt: Das Schwert ersetzte das Beil, die Lanzen bekamen längere Schäfte, die ovalen Holzschilde waren mit Metall beschlagen. In den sogenannten Fürstengräbern fanden sich weitere elitäre Statussymbole: Streitwagen und Helm. Zwei dieser Gräber wurden bisher auf dem Dürrnberg entdeckt. Ein Fundstück weist die keltische Oberschicht übrigens auch als Kreis versierter Genießer aus: Ein auf nachgebildeten Menschenfüßen aus Bronze stehendes Gefäß enthielt dereinst an die achtzehn Liter Gewürzwein aus dem Süden.

Salz brachte also Wohlstand, auch wenn nicht viel Zeit blieb, ihn zu genießen: Die Lebenserwartung eines Erwachsenen betrug damals etwa 36 Jahre. Salz spielte in diesem Leben eine unverzichtbare Rolle: einerseits als Gewürz, vor allem aber für das Pökeln von Fleisch und Fisch in einer Salzlake. In einem römischen Lehrbuch für die Landwirtschaft benötigte ein Angehöriger des Gesindes einen Scheffel Salz im Jahr, also 10,4 kg. Bedenkt man, dass zum Beispiel in Dürrnberg etwa 20 000 kg Salz pro Jahr gefördert wurden, konnte dieses Bergwerk und jenes in Hallstatt kaum mehr als tausend Familien beliefern: ein sehr kleiner Kundenkreis und einer, der wohl astronomisch hohe Preise bezahlte.

Eine kleine Machtmusik

Als der heilige Rupert um das Jahr 700 zwischen den Ruinen der römischen Stadt Juvavum St. Peter gründete und seine Nichte, die heilige Ehrentrude, am Abhang des Festungsberges das erste Frauenkloster in den Alpen errichten ließ, spielte Salz bereits eine wichtige Rolle – aber es war Salz aus Bad Reichenhall.

Als der letzte Salzburger Fürsterzbischof, Hieronymus Colloredo, für sich die zweifelhafte Ehre in Anspruch nahm, Mozart seine Heimatstadt für immer verleidet zu haben und ihn anlässlich einer Wienreise mit unüberbietbarer Deutlichkeit einen »Lumpen und elenden Buben« nannte, bevor ihn Graf Arco per Fußtritt am 2. Mai 1781 vor die Tür des Deutschordenshauses setzte, war Salz noch immer prägend für das Selbstverständnis des geistlichen Staates – aber nur Bayern verdiente wirklich gut daran.

Zerstörerischer Konkurrenzkampf mit Bad Reichenhall

In den rund tausend Jahren dazwischen hatten die Salzburger Kirchenfürsten jedoch allen Grund, auf Salz aus Salzburg stolz zu sein. Der heilige Rupert erwarb jedenfalls erst einmal eine erhebliche Beteiligung an den Solebrunnen und den Pfannen von Reichenhall. Salz aus Reichenhall ist auch der Namensgeber der Flüsse Saalach und Salzach sowie der späteren Stadt Salzburg. Im 12. Jahrhundert, einer Zeit, in der große Mengen von Siedlern ins Land strömten, Wälder gerodet wurden, Bauernwirtschaften entstanden und der Salzbedarf kräftig anstieg, hatte Reichenhall als einziger leistungsfähiger Salzlieferant in den Ostalpen eine machtvolle Monopolstellung. Die Betreiber der Saline entwickelten überdies eine Brunnentechnik, die es ermöglichte, auch schwächere Salzquellen zu verwerten. Während also der Herzog seine Anteile weitgehend an kirchliche Institutionen vergeben hatte, die ihrerseits nichts von Produktion und

Eine von zahlreichen Darstellungen des Heiligen Rupert in Salzburg. Zu seinen Füßen als Attribut das Salzfass.

Handel verstanden, waren die Halleiner Salzproduzenten die wahren Nutznießer der Hochkonjunktur. Ihr selbstbewusster Erfolg machte natürlich ringsum erfinderisch. Mit dem Salzburger Erzbischof Adalbert II. war Reichenhall ein ernst zu nehmender Gegner erwachsen. Dieser Gottesmann erwies sich nämlich sehr rasch auch als wirtschaftlich versierte Führungskraft und entschlossener Stratege. Er überzeugte die Abtei davon, dass es ersprießlicher für sie sei, sich aus dem Salzgeschäft herauszuhalten, stattdessen einen garantierten Anteil zu genießen und auf das Pfarreinkommen aus der geplanten Salinensiedlung zu hoffen. Energisch ließ Adalbert die schon vor der Römerzeit vergessenen Anlagen am Dürrnberg aktivieren und ausbauen. Unter seiner Leitung gelang auch ein technologischer Durchbruch, der bis heute nichts an Aktualität verloren hat: Als gegen Ende des 12. Jahrhunderts natürliche, aus Brunnen geförderte Sole nicht mehr ausreichte, ging man dazu über, Wasser von der Oberfläche in das Gestein des Berges zu lenken. Unter Tage

Das prächtige Gebäude der Alten Saline in Bad Reichenhall, erbaut auf Geheiß König Ludwigs I. von Bayern im Jahr 1837, ist heute als Museum ein beliebtes Ausflugsziel.

wurden Schöpfbaue angelegt, im Prinzip nicht anders, als das auch heute noch geschieht. Kontinuität über Jahrhunderte hinweg gehört zu den faszinierenden Aspekten der Arbeitswelt im Salzberg: Ein Knappe des ausgehenden 12. Jahrhunderts, einer Zeit, in der Kreuzfahrer meinten, Heiden im Sinne der Nächstenliebe erschlagen zu müssen, und ein Knappe des ausgehenden 20. Jahrhunderts, vertraut mit Bildschirm und Labor, hätten noch immer eine Menge gemeinsamen Gesprächsstoff.

Mit der Einführung des nassen Abbaus rückten auch Bergwerk und Saline auseinander: Die mittelalterlichen Ingenieure des Erzbischofs waren offensichtlich glänzende Logistiker. Sie bauten die Saline dort, wo es einen Fluss gab, auf dem preiswert große Mengen Holz zum Erhitzen der Sole herangeschafft werden konnten und der auch noch einen idealen Handelsweg für das fertige Salz darstellte. Damit wurde die Pernerinsel, in der Stadt Hallein gelegen, vom fürsterzbischöflichen Lustrevier zum Industriestandort.

Auch die Propstei Berchtesgaden beeilte sich, Salinen zu errichten: Gollenbach-Schellenberg und Tuval am Gutratsberg nördlich von Hallein.

Reichenhall reagierte ausgesprochen bösartig mit der Zerstörung der Berchtesgadener Anlagen und provozierte überdies den Erzbischof. Letzterer reagierte mit gerade noch angemessener Härte und ließ 1196 Reichenhall nebst der Saline in Schutt und Asche legen. Zwei Jahre später wird die Saline Hallein bereits urkundlich erwähnt. 1230 stellte übrigens die Saline am Tuval ihren Betrieb ein, während die Pfanne Schellenberg bis 1805 bestand.

Das Salzgenie: Erzbischof Eberhard II.

Während also in Reichenhall die Geschäfte mehr als betrüblich liefen, hatte Salzburg das Glück, mit Erzbischof Eberhard II. einen geistlichen Herrn von frappierendem weltlichen Durchsetzungsvermögen zu bekommen. Er behielt zwar die Führungskompetenz, holte aber Zisterzienserabteien ins Unternehmen. Die Mitglieder dieses Ordens waren bekannt für ihre diesseitstaugliche Spiritualität, für praxisgerechte Wissenschaft und innovative Problemlösungen. Diese Pioniere im Mönchsgewand trugen wesentlich dazu bei, die Halleiner Produktionsstätten zu einem leistungsfähigen Industrieunternehmen auszubauen. Durch die Sinkwerke gab es keinen Mangel an Sole mehr, die neuen, großen Sudpfannen ermöglichten rasches, kostensparendes Arbeiten, und der Standort am Fluss sicherte die preisgünstige Energieversorgung. Der Erzbischof seinerseits beeilte sich, die neuerdings so erfreuliche Produktion mit mittelalterlichem Marketing zu unterstützen. Salzburg war im Besitz der Stadt Lauffen. Damit bestand die Möglichkeit, die Schiffe dieser Stadt nicht mehr zwischen Reichenhall und Lauffen, sondern zwischen Hallein und Lauffen verkehren zu lassen. Die Reichenhaller verloren also ihre Märkte an der unteren Salzach, am Inn und an der Donau. Wo der Verdrängungswettbewerb auf dem Wasserweg nicht ausreichte, tat eine aggressive Preispolitik das Ihre: Die Halleiner Saline produzierte rationeller und konnte es sich erlauben, die Konkurrenz zu unterbieten. In wenigen Jahrzehnten hatten der Salzburger Erzbischof und seine klösterlichen Technokraten der bayerischen Konkurrenz ungefähr drei Viertel ihres Absatzgebietes weggenommen, sogar die begehrten Märkte in Böhmen und Mähren. Dabei vergaß Eberhard nie, seine – wenn auch geschwächten – Konkurrenten im Auge zu behalten. In Reichenhall, wo inzwischen der Bayernherzog das Sagen hatte, behielt der Erzbischof seinen Anteil, und die Berchtesgadener ließ er leben, weil eine Produktionsreserve in der Nachbarschaft nie schaden konnte. Hallein hatte sich also erst einmal energisch in den Vordergrund gespielt. Doch in den entlegenen Tälern des späteren Salzkammergutes geschahen Dinge, die in Salzburg ganz und gar nicht gern gesehen wurden. In der Gosau dampften Sudpfannen, und der Habsburger Albrecht erwies sich dort bereits als zumindest ärgerlicher Konkurrent. Vermutlich nahm er es auch mit der Grenze zwischen dem Erzbistum Salzburg und seinem Herzogtum nicht allzu genau. Jedenfalls brach ein Salzkrieg aus, von dem noch Genaueres zu berichten sein wird. Am Ende gab es zwei einigermaßen lädierte Sieger. Albrecht ließ das Salzsieden in der Gosau bleiben, strebte erfolgreich die Königswürde an, und 1311 nahm dann auch noch die Saline von Hallstatt den Betrieb auf.

Der Rücksichtslose: Wolf Dietrich von Raitenau

Trotz dieser neuen Wettbewerbssituation blieb das Erzbistum Salzburg bis Anfang des 16. Jahrhunderts der wichtigste Salzproduzent der Ostalpen, zunehmend bemüht, alle Produktionsstätten an sich zu bringen und damit eine Monopolstellung zu erreichen. Ähnliche Absichten verfolgten in ihren Herrschaftsbereichen allerdings nicht minder energisch die bayerischen Herzoge und die Habsburger. Diese Bemühungen, große, schlagkräftige Wirtschaftseinheiten zu schaffen, mündeten fast schon im Gleichschritt Anfang des 16. Jahrhunderts in durchdachte, schriftlich niedergelegte Unternehmensleitbilder, diktiert von den jeweiligen Landesfürsten. Nur in Salzburg erging erst 1593 unter Erzbischof Wolf Dietrich von Raitenau eine »Universalinstruktion über das hällische Wesen«.

Man lese und staune: Dem Erzbischof Wolf Dietrich von Raitenau wurden nicht seine mutmaßlich 15 Kinder, sondern wirtschaftliche Fehlentscheidungen zum Verhängnis.

Wolf Dietrich prägte, wie man weiß, nicht nur die Salzwirtschaft mit starker Hand, er nahm die Verwirklichung seiner Fürstenstadt mit ebenso genialer wie zerstörerischer Rücksichtslosigkeit in Angriff, und die Saline in Hallein lieferte das Kapital dafür. Über fünfzig Bürgerhäuser wurden abgerissen, um Platz für Plätze zu schaffen, und als man dem Erzbischof die Schreckensnachricht überbrachte, dass der romanische Dom brenne, bemerkte er beiläufig: »Brennet es, so lasse man es brennen.« Die Gebeine aus dem alten Domfriedhof ließ er in die Salzach kippen, und nur widerwillig machte er für ehrwürdige Reliquien eine Ausnahme: Sie lagen in einem Nebenraum der Residenz zuhauf. So wie Wolf Dietrich die Außenwelt nach seinen Vorstellungen umgestaltete, gab er auch seinem Privatleben eigene Gesetze: Fünfzehn Kinder schenkte ihm seine Geliebte und möglicherweise auch heimliche Ehefrau Salome Alt. Die Bayern, noch immer wütende Rivalen in der Salzwirtschaft, übten sich in sittlicher Entrüstung und schwärzten den Erzbischof in Rom an, wo man allerdings damals die Dinge auch nicht gar so eng sah. Letztlich scheiterte der mächtige geistliche Fürst weder an seiner gewalttätigen Amtsführung noch an seiner barocken Lebensgestaltung: Er traf ganz einfach als Unternehmer eine falsche Entscheidung. Immer wieder hatte es Streit um den Salzpreis gegeben. Verträge wurden geschlossen und von beiden Teilen nicht eingehalten, und sowohl der bayerische Herzog wie auch Wolf Dietrich warfen begehrliche Blicke auf die reichsunmittelbar dem päpstlichen Stuhl unterworfene Propstei Berchtesgaden. Andererseits waren die Habsburger längst zu bedrückend erfolgreichen Mitbewerbern geworden, mit denen man wohl oder übel leben musste. In dieser Situation fasste der Erzbischof den an sich weisen Entschluss, sich einen lästigen Feind zum angenehmen Verbündeten zu machen. 1597 schlossen Salzburg und Bayern einen Vertrag, nach dem Salzburg den Bayern eine Monopolstellung im Halleiner Salzexport einräumte und Bayern sich verpflichtete, jährlich 15 000 Schiffsfrachten Salz aus Hallein zu einem festgelegten Preis abzunehmen und diese Menge in eigener Verantwortung zu vermarkten. Es musste also nur noch gelingen, auch die Habsburger mit ins Geschäft zu nehmen: Sie sollten den böhmischen Markt verstärkt für Salz aus Hallein öffnen und dafür am Gewinn beteiligt werden. Der Plan hatte gute Aussichten auf Erfolg, doch Habsburg zog eine marktbeherrschende Stellung bequemen Gewinnen mit unsicheren Partnern vor. Bayern hatte sich demnach gewaltige Verpflichtungen eingehandelt und bekam dafür auch noch schier unlösbare Absatzprobleme aufgebürdet. Herzog Maximilian I. fühlte sich von Wolf Dietrich betrogen, letzterer dachte nicht wirklich daran, seinem Vertragspartner aus der Klemme zu helfen, und im Jahr darauf verlor der Fürsterzbischof die Geduld. Er entschloss sich, sein vermeintlich gutes Recht mit Gewalt durchzusetzen und ließ seine Leute in Berchtesgaden einmarschieren. Der Bayernherzog, eigentlich ganz froh darüber, dass eine verfahrene Sache endlich in Bewegung kam, überschritt seinerseits mit einem Heer die Salzburger Landesgrenze. Wolf Dietrich, nun doch nervös geworden, beschwor zwischen angriffslustigen Wutausbrüchen das Domkapitel, zu intervenieren, floh endlich aus der Stadt, wurde gefangen genommen und entmachtet. Nach fünf Jahren Gefangenschaft auf der Hohensalzburg starb er, achtundfünfzig Jahre alt, an einem epileptischen Anfall. Markus Sittikus von Hohenems richtete ihm erleichtert ein schönes Begräbnis aus und gefiel sich wie schon sein Vorgänger ohne erkennbare Zurückhaltung in barocker Bauwut. Persönlichkeiten wie Wolf Dietrich und Markus Sittikus gestalteten die Stadt Salzburg zu jenem Gesamtkunstwerk, das heute zum Weltkulturerbe gehört.

Pracht und Prunk einer Stadt, aus und auf Salz gebaut: Salzburg.

Salzburg, das gewalttätige Wunder

Finanziert wurde dieses gewalttätige Wunder zum weitaus überwiegenden Teil von den Salzvorräten des Dürrnbergs und der Salinenstadt Hallein. Doch zur Zeit des Barock war der Höhepunkt der Halleiner Salzwirtschaft gleichzeitig erreicht und überschritten. Schon Markus Sittikus war gezwungen, mit den Bayern eine neue Vereinbarung zu treffen. Eine Abnahmegarantie wurde nicht mehr gegeben, aber die Bayern behielten den Export des Halleiner Salzes in der Hand. Große bayerische Schiffszüge brachten es auf der Donau von Passau nach Regensburg, und ein Großteil der Verkaufserlöse floss in die Taschen des Bayernherzogs. Für Hallein war damit jede Möglichkeit weggefallen, aus eigener Kraft neue Märkte zur erobern, und angesichts höchst lebendig agierender Konkurrenten bedeutete Stillstand Rückschritt. Im Salzbergbau Dürrnberg und in der Saline

Hallein gab es zu wenig Arbeit, Knappen und Pfannhauser mussten sich nach Möglichkeiten für Nebenerwerb umsehen: Sie fertigten Holzschnitzereien an oder strickten gar Strümpfe. Erst in dieser wenig ruhmreichen Epoche im ausgehenden Mittelalter bekam der Heilige Rupert übrigens sein berühmtes Attribut: das Salzfass zu seinen Füßen. Der letzte amtierende Salzburger Fürsterzbischof, Hieronymus Graf Colloredo, zog zwar noch Gewinne aus der Salzerzeugung, doch konnte das nur noch zu Lasten der Arbeiter im Berg und in der Saline gelingen. In Hallein herrschte graues Elend. 1803 schrieb Domherr Friedrich Graf Spaur:

> »Dieses am Fuße des Dürrenberges liegende Städtchen Hallein, wo die mit Salztheilen geschwängerte Sole in fünf alten, sehr großen Pfannen gesotten wird, hat in jeder Hinsicht ein äußerst trauriges Aussehen. Der schwarze Dampf, der aus den Salzpfannen emporsteigt, verfinstert das Tageslicht, die Gassen sind enge und die Häuser meistens unansehnlich; auf den blassen Gesichtern der Einwohner (manchen wohlgenährten Bauer, Handelsmann oder Beamten ausgenommen) ist Armut und Kummer gezeichnet, und kaum kann man sich durch die Menge der bettelnden Weiber und Kinder durchdrängen, die den Fremden mit Ungestüm verfolgen.«

Der letzte Fürsterzbischof Salzburgs

Damals war das geistliche Fürstentum Salzburg schon zwei Jahre säkularisiert. Der letzte Fürsterzbischof, Hieronymus Colloredo, hatte immerhin das Erzbistum als kirchliche Organisation selbstständig erhalten können und regierte es von Wien aus. Drei Jahrzehnte zuvor war er noch als Landesfürst in Salzburg eingezogen, als weltlicher Machthaber mit geistlichem Dekor: Wappen und Münzen zeigen rechts das Schwert und links den Hirtenstab. Längst war auch die Distanz zu Österreich kleiner geworden, gab es wirtschaftliche und vor allem politische Verflechtungen. Der Wiener Hof hatte alle diplomatischen Register gezogen, um Salzburg einen dem Hause

Habsburg genehmen Herrscher zu geben. Die Salzburger selbst sahen diese Regieanweisungen nicht gar so gern, und am Morgen, nachdem Colloredo gewählt worden war, klebte ein Zettel an der Mauer des Kapitelhauses, auf dem zu lesen war: »Wein, Weiber und d'Nacht haben unseren Fürsten gmacht«. Der neue Regent erwies sich jedenfalls als Verehrer Kaiser Josephs II. und ging ausgerechnet in Salzburg daran, die Kirche von barockem Überschwang zu befreien. Liebgewordenes Brauchtum schaffte er ebenso ab wie den lateinischen Chorgesang in Volksmessen. Er verbot den Kapuzinern ihre Kutten und limitierte sogar die Zahl der Kerzen, die in den Kirchen brennen durften. Als aufgeklärter Herrscher versuchte er auch, im Wirtschaftsleben neue Impulse zu setzen und die längst veraltete Saline in Hallein zu modernisieren. Er ließ im Norden der Stadt ein Pfannhaus bauen, war aber in technischen Belangen schlechtberaten: Die neuen Anlagen verbrauchten zu viel Heizenergie und arbeiteten dadurch unrationell. Obwohl die große Zeit des Halleiner Salzes damit für immer vorbei war und auch Salzburg als Residenzstadt merklich an Glanz verloren hatte, waren viele von Macht und schier unerschöpflichem Reichtum geprägte Jahrhunderte nicht einfach weggewischt. Salzburg war noch immer eine wunderschöne, erfolgreiche Handelsstadt mit bemerkenswert selbstbewussten Bürgern, und das Leben am Hof des Fürsterzbischofes gefiel sich trotz aufgeklärter Gesinnung in feudaler Prunkentfaltung. Die Bürger und ihr Fürst konnten es sich leisten, Kunst und Kultur zu pflegen: Salzburg war zwar ein wenig provinziell geworden, aber auf eine insgesamt doch recht eindrucksvolle Weise.

Niemand kann sagen, wie sich die Entwicklung dieser Stadt in mehr als tausend Jahren ohne das weiße Gold aus dem Dürrnberg dargestellt hätte. Gut möglich, dass mangels finanzieller Grundlagen nicht einmal ein geistliches Fürstentum entstanden wäre. Ganz bestimmt aber hätten Wolf Dietrich und Markus Sittikus ihre gewaltigen Bauvorhaben ohne Einkünfte aus Hallein nie verwirklichen können. Ein Salzburg ohne Salz hätte vermutlich nicht schon

1622 eine Universität bekommen, an der unter anderen Abraham a Sancta Clara studierte. Eine verschlafene Provinzstadt wäre für den Sängerknaben Leopold Mozart kein Anreiz gewesen, Augsburg zu verlassen, als Student nach Salzburg zu gehen, wo er sich beim Domherrn als Violonist verdingte und es später in der Hofkapelle des Landesherrn immerhin zum Fürsterzbischöflichen Vizekapellmeister brachte. Auch wenn sein genialer Sohn Johannes Chrysostomos Wolfgang Theophilus Mozart, der spätere Wolfgang Amadeus, in seinen Wiener Jahren nur noch mit Bitterkeit und hämischer Verachtung von Salzburg sprach und seinen ehemaligen Arbeitgeber, Fürsterzbischof Hieronymus Colloredo, mit besonderer Innigkeit hasste, war er doch als dessen Konzertmeister und Hoforganist ein paar entscheidende Schritte auf dem Weg zum Ruhm gegangen und bezog im Alter von vierundzwanzig Jahren das Gehalt eines Fürsterzbischöflichen Hofrates. Die Salzstadt an der Salzach hat also ihren wesentlichen Teil am Werden eines großen Österreichers, der übrigens nicht in Österreich geboren wurde, weil Salzburg damals noch Ausland war. Natürlich hätte sich das Wunder Mozart auch ohne Salz und Salzburg ereignen können – nur eben unter ungleich schwierigeren Voraussetzungen.

Als Mozart 1791 in Wien starb, hatte Hieronymus Colloredo noch neun Jahre als geistlicher Fürst in Salzburg vor sich, doch wurde ihm sein Amt immer unbehaglicher. Napoleon machte sich ohne jeden Respekt über Europa her, und es war zu befürchten, dass er auch an Salzburg Gefallen finden würde. Als die Franzosengefahr 1796 bedrohlich wurde, traf der Fürsterzbischof schweren Herzens erste Vorbereitungen für eine Verlagerung seiner Interessen. Erst einmal ließ er zur Empörung der Bürgerschaft fünfundzwanzig große Fässer anfertigen, um darin Geld außer Landes zu schaffen. Vorsichtshalber verschickte er auch das kostbare Tafelsilber aus der Residenz und begnügte sich in ungewohnter Bescheidenheit mit Porzellan. Am 10. Dezember 1800 verließ er Salzburg.

Der Rudolfsturm, seit Jahrhunderten
ein wehrhaftes Denkmal Hallstätter
Salzgeschichte.

Salz aus dem Ischlland

Hoch über den Dächern von Hallstatt, wo sich das Salzbergtal zum See hin öffnet, mit dem Saarstein als felsiges Gegenüber, steht der Rudolfsturm.

Wie lange er hier bereits steht, weiß niemand so wirklich genau. Herzog Albrecht soll ihn Ende des 13. Jahrhunderts als Wehrturm für den Hallstätter Bergbau errichtet haben. Auch steht nicht fest, wessen Namen das wehrhafte Bauwerk trägt: Es könnte sich um König Rudolf I. handeln, der dem Glück König Ottokars ein für die Habsburger so erfreuliches Ende bereitet hatte. Doch auch Herzog Rudolf III. kommt in Betracht, der Sohn jener Elisabeth, der Herzog Albrecht das Ischlland als Morgengabe überreicht hatte. Dieser Rudolf hatte schon 1301 als österreichischer Landesfürst Hallstatt das Siegelrecht verliehen und mahnend angemerkt, dass sie es »ebenso gesetzlich und ehrenhaft bedienen sollen, wie dies in anderen Städten zu geschehen pflegt«. Außerdem traf er 1305 gemeinsam mit seiner Mutter eine Vereinbarung mit dem Kloster Traunkirchen, in der Grundrechte des Klosters im Salzberg abgegolten wurden. Gegen Ende seines kurzen Lebens wurde er noch König von Böhmen: Nach einem Jahr Regentschaft starb er im Alter von sechsundzwanzig Jahren. Vielleicht war ihm seine seltsame Diät zum Verderben geworden, die ihm den Spottnamen »König Brei« eintrug. Auch gibt es Mutmaßungen, dass er an »einem allgemeinen Erschöpfungszustand infolge übermäßiger ehelicher Beanspruchung« dahingeschieden sei. Übrigens war das Vergiften damals in Adelskreisen eine durchaus gebräuchliche Methode, familiäre Angelegenheiten zu regeln. Herzog Albrecht hatte durch eine nicht gänzlich geglückte Vergiftung schon ein Auge und seine blühende Gesichtsfarbe verloren und wurde dann als deutscher König überfallen und ermordet.

Nachdem die tatkräftige Witwe die Güter der Mörder nachdrücklich verheeren hatte lassen, sorgte sie nicht minder energisch dafür, dass es im Salzberghochtal von Hallstatt wieder lebendig wurde. Sie ließ den Neubergstollen und den Steinbergstollen anschlagen, gab Hallstatt 1311 das Marktrecht und verlieh Arbeitsstellen im Salzberg und beim Hallstätter Pfannhaus. Mit der Ernennung von zwölf »Burgern« schuf sie überdies einen in der Welt einzigartigen Stand: den der Salzfertiger. Sie übernahmen das Salz, dörrten, verpackten, verfrachteten und verkauften es. Damit waren sie auch für die Schifffahrt zuständig, für die Salzmagazine an der Strecke und für den »Gegentrieb«, der Nahrungsmittel und Wein ins Ischlland brachte. Salzfertiger gab es im Ischlland vorerst nur in Hallstatt, doch als diese längst reich und einflussreich gewordenen Unternehmer mit ihren zahlreichen hoch spezialisierten Mitarbeitern auch beim besten Willen nicht mehr das gesamte Salz allein vertreiben konnten, erhielten Bürger von Lauffen, Ischl, Gmunden und Enns gleiche Rechte.

Das Pfannhaus, ein massiver Holzbau mit einem gemauerten Untergeschoß, stand schon damals im Markt, etwas erhöht am Fuß des Hallberges. Heute erinnert die Bezeichnung »Pfannhausbühel« daran. Es gab Dörrkammern und einen Raum für das Hallholz, das aus der unmittelbaren Umgebung über den See zur Saline geflößt wurde.

Herzogin Elisabeth war mit Hallstatt so sehr beschäftigt, dass sie hier regelrecht Hof hielt. Sie logierte im Haus, in dem heute das Prähistorische Museum untergebracht ist, und in der längst abgetragenen Hofburg. Mitten in Hallstatt steht ein großes Haus, in dem es vom Salzkristall bis zum Filzhut so ziemlich alles zu kaufen gibt. Der Hausherr, Fritz Janu, ist durch Zufall im Erdreich darunter fündig geworden. Er entdeckte Reste der Hofburg: Teile von Kachelöfen, Butzenscheiben, verkohltes Holz und bunte Mörtelbrocken. Da gibt es aber auch die Fundamente dreier Schmieden, die Bleche für die Sudpfannen der Hallstätter Salinen herstellten, und das mit riesigen Steinquadern verkleidete alte Bett des Mühlbachs, der als

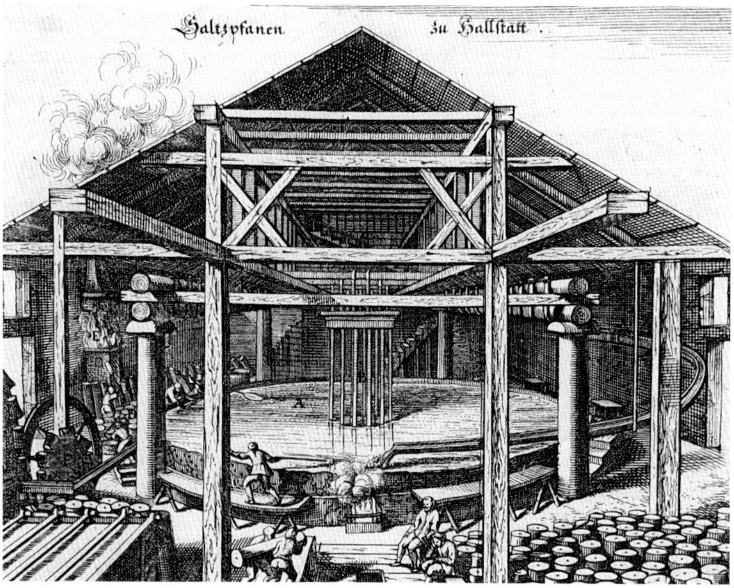

Das hölzerne Pfannhaus als archaische Arbeitswelt, mit der Herzogin Elisabeth im frühen 14. Jahrhundert energisch Hallstatts Salzwirtschaft belebte. Das Haus Habsburg profitierte.

Fluter in die Schmiede geleitet worden war. Ältere Fundstücke sind Knochen, Scherben, Münzen, Fibeln und anderes mehr. Längst ist das Bundesdenkmalamt beratend an der Ausgrabung beteiligt, und Archäologiestudenten helfen mit, doch die öffentliche Hand beschränkt sich nach wie vor darauf, anerkennend zu winken. Also wird Herr Janu sein Geschäft eben möglichst gewinnbringend in die Tiefe treiben: Oben verkauft er Waren, unten Vergangenheit, und irgendwie findet alles ganz gut zusammen.

Der Aufstand der Salzleute

Zurück ins frühe 14. Jahrhundert: Herzogin Elisabeth erwies sich nicht nur als lebenskluge Autorität und kaufmännisch begabte Unternehmerin, sie verstand es auch sehr gut, diplomatisch geschickt auf Empfindsamkeiten der mächtigen Klöster zu reagieren. Traunkirchen, die einflussreiche Mutterpfarre des Salzkammergutes, wurde zwar aus der Hallstätter Salzproduktion verdrängt, aber großzügig abgefunden, andere Klöster bedachte Elisabeth mit Schenkungen, dem »Gottesheilsalz«, das den Himmel mit dem bedauerlichen Umstand versöhnen sollte, dass in Hallstatt auch

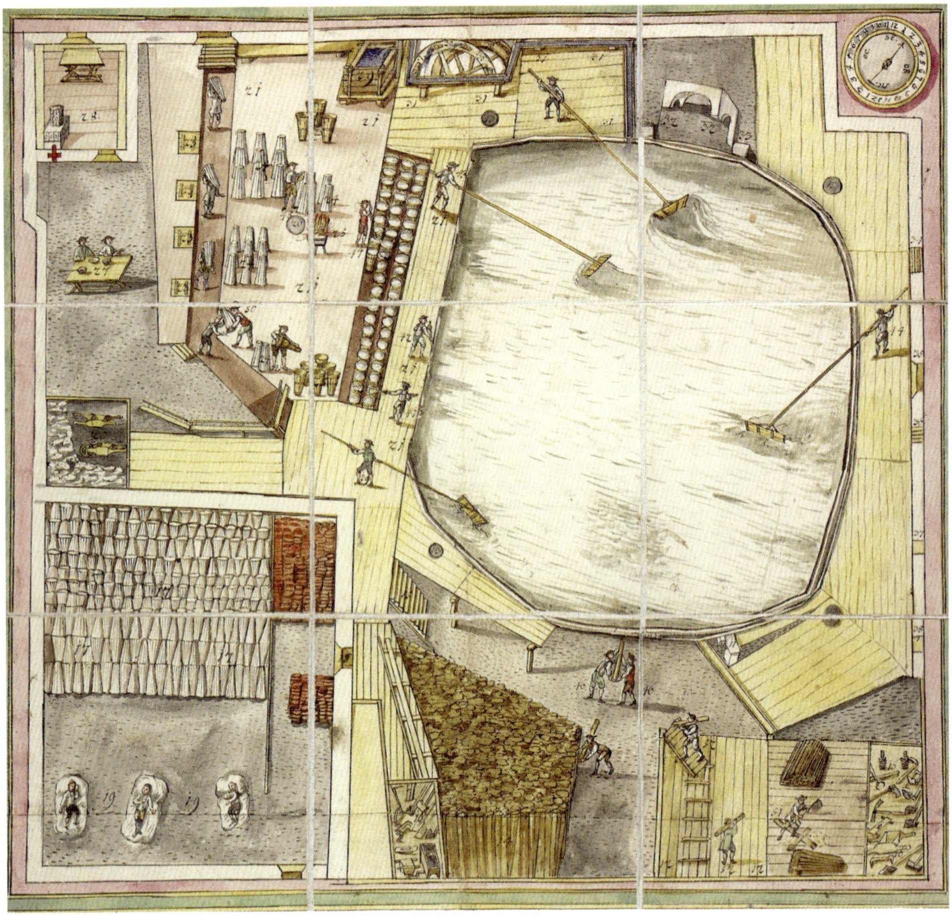

Darstellung des Pfannhauses der Hallstätter Saline und der zur Salzgewinnung notwendigen Tätigkeiten von Mathias Rietzinger um 1732.

sonntags gearbeitet wurde. Außerdem hatte sie mit Nikolaus von Röhrenbach einen erstklassigen Salinenfachmann, der dann auch noch in ihrer Tiroler Heimat tätig war und im Ischlland die Ämter eines Landrichters und Pflegers bekleidete.

1313 starb Herzogin Elisabeth. In diesem Jahr bekam der Rudolfsturm eine neue Bestimmung als Amtssitz für den jeweiligen Bergbauleiter – und dabei blieb es bis in die erste Hälfte des 20. Jahrhunderts. Auch der berühmte Erschließer des prähistorischen Gräberfeldes, Johann Ramsauer, residierte hier, und er tat es mit unwilligem Murren über diesen »allen Calamatitäten der Wildnis ausgesetzten Bestimmungsort«, der überdies von Hallstatt aus nur über gezählte 3050 Stufen zu erreichen war.

Schon 1335 war Salz vollends zu Amtssache geworden und das Ischlland zum Kammergut: Nun gab es einen Salzamtmann mit Sitz in Gmunden als obersten kaiserlichen Beamten im Salzkammergut, der nur der Hofkammer gegenüber verantwortlich war. Innerhalb weniger Jahrzehnte war Salz aus Hallstatt zu einem für den Landesfürsten sehr einträglichen Geschäft geworden, an dem auch die Salzfertiger ihren Anteil hatten. Andererseits war Hallein in der Anfangszeit eine sehr unangenehme Konkurrenz, die noch dazu eine aggressive Preispolitik betrieb. Verlierer in diesem Wettkampf waren jedenfalls die Knappen und Pfannhauser: Sie wurden für ihre schwere Arbeit so erbärmlich schlecht entlohnt, dass sie ihr Elend 1392 gemeinsam mit Salzarbeitern aus Lauffen in einen Aufstand trieb, als Schmalz und Mehl wieder einmal ausblieben. Ein Ritterfähnlein, das über den waldfinsteren Koppenpass unterwegs war, erledigten die Knappen auf ihre Weise: Sie hatten Hölzer und Steine aufgetürmt, die sie auf die Vorbeireitenden niederkrachen ließen. Das konnte der Salzamtmann natürlich nicht auf sich beruhen lassen, er ließ den Aufruhr ohne viel Federlesens mit Waffengewalt niederschlagen, und den Salzleuten blieb nur noch die bedingungslose Unterwerfung unter die Gnade des Herzogs. Dann stritten zur Abwechslung wieder einmal die Salzherren, in diesem Fall zwei Habsburger: Albrecht VI., in dessen Herrschaftsbereich Hallstatt lag, und sein Bruder Friedrich III., der in Aussee die Sudpfannen rauchen ließ. Kaum war wieder Frieden eingekehrt, gingen die Landesfürsten dazu über, den Salzbergbau zu verpachten. Ende des 15. Jahrhunderts hatte Hallstatt innerhalb von etwa zehn Jahren nicht weniger als fünf verschiedene Pächter, die sich natürlich nach Kräften bemühten, in kurzer Zeit möglichst gut zu verdienen. Der Salzberg wurde also rücksichtslos ausgebeutet, und an den Wäldern wurde Raubbau betrieben. Als im Jahr 1493 König Maximilian I. 1508 Kaiser des Römisch-Deutschen Reiches wurde, war Hallstatt ein Sanierungsfall.

Privates Zentrum der Macht: Gmunden

Gmunden war damals für die Habsburger bereits ein privates Zentrum der Macht, Mittelpunkt wirtschaftlicher Interessen. In Gmunden hatte Friedrich III. vor seinem Feind, dem Ungarnkönig Matthias Corvinus, Zuflucht gefunden, hier vereinbarte er den nicht allzu rühmlichen »Frieden von Gmunden«. In der landesfürstlichen Stadt am Traunsee schloss Maximilian I. 1514 einen Freundschaftsvertrag mit dem russischen Zaren, und hier hatte er auch zwei Jahrzehnte zuvor den Ehevertrag mit seiner dritten Gemahlin, Bianca Maria Sforza aus Mailand, unterzeichnet. Sehr nobel war dieses Geschlecht ja nicht, aber die Ehe wurde mit einer beträchtlichen Mitgift vergoldet: Sie war dreimal so hoch als der Betrag, den die Habsburger trotz ihres Salzreichtums damals erwirtschaften konnten. Dermaßen gestärkt und ermuntert ging der Kaiser energisch daran, das zerrüttete Salzwesen neu zu ordnen. Er löste die Pachtverträge ab, für die Salinenverwaltung führte er genaue Dienstvorschriften ein, und er profilierte sich auch als Urvater der papierenen Bürokratie: Ab sofort waren das Salzamt in Gmunden, das Hofschreiberamt und Hallstatt dazu angehalten, miteinander schriftlich zu verkehren. Um die Wälder des Ischllandes zu schützen, ordnete er an, dass die Salzzillen, nachdem sie ihre Fracht ans Ziel gebracht hatten, wieder flussaufwärts zurück nach Gmunden geschafft wurden, und er versuchte auch mit einer Waldordnung dem bedenkenlosen Abholzen entgegenzuwirken. Den Hallstättern gewährte der hohe Herr neue Freiheiten bis auf Widerruf und mit gewissen Einschränkungen: Zwar hatten sie fortan den Burgfrieden, ein neues Wappen mit Bindenschild und Steuerruder, und sie durften aus ihrer Mitte einen Richter wählen, doch nur mit Wissen des Salzamtmannes, auch durfte der Mann den Amtsleuten nicht widerwärtig sein. Erwies sich der Hallstätter Richter als »unfleißig oder säumig«, brachte er damit die schöne neue Marktfreiheit in Gefahr. Andererseits durften unter Maximilian besonders verdiente Führungskräfte in der Salzwirtschaft auf eine Altersversorgung hoffen, die manchmal als Gnadenakt gewährt wurde. Trotzdem blieb für das Salzamt durch Jahrhunderte extreme Knauserigkeit typisch, denn nur so war es möglich, die ohnedies chronisch leeren Kassen der Habsburger wenigstens andeutungsweise zu füllen. Ganz abgesehen davon mussten andere Einkünfte wie Steuern oder Abgaben erst einmal von den Landständen bewilligt werden; über Einnahmen aus der Salzgewinnung konnte der Landesherr frei verfügen.

Maximilian jedenfalls, im Bewusstsein, die Dinge im Ischlland auf den richtigen Weg gebracht zu haben, hielt sich fortan häufig in Tirol auf, um dort seinen Träumen von der himmlischen Herrlichkeit des Habsburgergeschlechtes nachzuhängen. Der Kaiser glaubte fest daran, dass er oder einer seiner Söhne bald nicht mehr in Wien, sondern in Konstantinopel regieren würde, dem ältesten Kaisersitz Europas. Zwischendurch erwies er sich aber auch wieder ganz konkret als wohlmeinender Herrscher und kluger Geschäftsmann. Er ließ in Gmunden den sehr geschätzten »Heiligen Brunnen« in das landesfürstliche Amtshaus einleiten und sorgte damit für den kassenschonenden Gesundheitszustand seiner Beamten. Außerdem führte er den Handel mit Großkufen ein. Dieser frühe Vorbote für den heutigen Containerverkehr war hauptsächlich für die wichtigen Märkte in Böhmen und Mähren gedacht. Leider passte der Tod Maximilians ganz und gar nicht in sein majestätisches Leben: 1518, als er anlässlich einer Inspektionsreise wieder einmal ins Ischlland kam, verkühlte er sich. Schon damals gab es in Ischl eine allseits gerühmte Heilquelle, und der hustende Herrscher beeilte sich, daraus zu trinken – vergeblich, wie man weiß: Wenig später starb er in der Burg Wels.

Das Meisterstück des Thomas Seeauer

Im Ischlland, das damals im Schriftverkehr zwischen Hofkammer und Salzamt schon immer öfter als Salzkammergut bezeichnet wurde, herrschte an der Wende zum 16. Jahrhundert jedenfalls Aufbruchsstimmung. Die kaiserlichen Beamten in Gmunden hatten als mächtige Stabsstelle des Hofes Jahr für Jahr mehr Grund, auf sich und ihre zusehends wohlhabendere Stadt stolz zu sein, das Hofschreiberamt in Hallstatt war als verlängerter Arm des Salzamtes nicht minder mächtig, die leitenden Herren im Bergbau und in der Saline standen himmelhoch über den Niederungen des salzkammergütlichen Arbeitsalltags, und die Salzfertiger hatten es als bürgerliche Unternehmer durch ihr unentbehrliches Spezialwissen und umfassende Geschäftstüchtigkeit längst zu Geld und Ansehen gebracht. In dieser von der Spitze her bestimmten Pyramide hatte das Ameisenheer der Knappen und Pfannhauser allerdings keine Chance, ihrem nützlichen, geachteten und ärmlichen Stand zu entkommen. Immerhin waren sie nicht von Entlassung bedroht und mussten nicht allzu häufig hungern. Schon bessere Möglichkeiten, in der Salzhierarchie Erfolg zu haben, fanden tüchtige Quereinsteiger, die mit einigem Vermögen ausgestattet waren, mit Talent und auch noch einer guten Portion Rücksichtslosigkeit. Einer dieser raren Siegertypen aus dem Volke war Thomas Seeauer. Wie bei Bauern üblich, leitet sich sein Name vom Hof her, dem Seeauergut, das noch heute im Ortsteil Au von Bad Goisern besteht. Dieser Hof war allerdings schon um 1500, als Thomas Seeauer zur Welt kam, ein sehr stattliches Anwesen. Dazu kamen noch weitere Besitzungen wie ein Haus in Goisern, zwei Mühlen und zwei Almen. Bereits im Alter von fünfundzwanzig Jahren arbeitete Seeauer als Forst- und Klausmeister für die Saline. Seine Aufgabe war es, Akkordverträge für die Holzbringung auszuhandeln, das Holz herbeizuschaffen und die dazu nötigen Anlagen wie Riesen, Rechen und Güterwege in Ordnung zu halten. Außerdem stand er den Werkstätten vor und lieferte den Salzfertigern das nötige Kufenholz. Für diese Arbeiten nahm Seeauer in eigener Verantwortung Arbeiter auf oder jagte sie zum Teufel, wenn sie ihm nicht passten: Er war berüchtigt für ein geradezu verheerendes Temperament.

So bauernschlau und ruppig, wie er die Waldarbeit organisierte, ging er aber auch technische Probleme an. Zwar konnte Seeauer weder lesen noch schreiben, doch er lernte rasch aus praktischer Erfahrung und hatte überdies ein sicheres Gespür für den Umgang mit den Kräften strömenden Wassers. Mehr und mehr wurde er für die Saline auch als Wehrmeister unentbehrlich, der sich um die Regulierung von Gewässern kümmerte. Sein eindrucksvollstes Bauwerk, das bis heute besteht, ist die Schleusenanlage in Steeg. Damit konnte der See so hoch aufgestaut werden, dass nach der Öffnung der Wehr auch die schwer mit Salz beladenen Schiffe vordem seichte Fahrrinnen benutzen konnten und gefährliche Sandbänke ausreichend hoch überflutet wurden. Heute erfüllt die Anlage noch immer eine wichtige Aufgabe: Bei Hochwasser hält sie den Wasserstand von See und Traun in einem ungefährlichen Gleichgewicht.

Nachdem Seeauer dieses Meisterstück abgeliefert hatte, ging er ohne Umschweife daran, die Traun in ihrem weiteren Verlauf zu zähmen: Er sorgte dafür, dass der »Wilde Lauffen« ungefährdet befahren werden konnte, und endlich wagte er sich auch noch an den Schrecken aller Schiffer, den Traunfall, heran. Zwar war dieser abenteuerliche Flussabschnitt schon 1311 einigermaßen schiffbar gemacht worden, doch wie gefährlich er dennoch blieb, beweist schon die Tatsache, dass die Gmundner Salzfertiger dem Schutzpatron der Schiffsleute, St. Nikolaus, im 15. Jahrhundert eine Kapelle am Traunfall errichten ließen und überdies eine Wochenmesse »für eine glückliche Ausfahrt der Salznaufahrten durch den Fall« stifteten. Seeauer ging der unfreiwilligen Wildwasserfahrt, die noch dazu mit schwer beladenen, billig gebauten Booten mit flachen Kielen bewältigt werden musste, ebenso radikal wie einfallsreich zu Leibe. Er umging den Wasserfall mit einem teilweise in den Fels gesprengten Gerinne, das mit Holz ausgekleidet war. Nachdem aber auch dieser Fahrweg die Höhe des Traunfalles überwinden musste, hatten die Bodenhölzer im unteren Teil des Kanals Öffnungen, durch die Wasser in die Traun zurückgeleitet wurde. Dadurch näherten sich die Schiffe immer mehr der Kanalsohle, bis sie schließlich auf dem nassen Holz dahinglitten und so gebremst wurden. Eine feuchte Höllenfahrt war dennoch garantiert: Rund vierhundert Meter Talfahrt wurden in nur vierundfünfzig Sekunden bewältigt. Es hat wohl auch immer wieder Unfälle gegeben. Einer der ersten Berichte über derlei tragische Vorfälle stammt von Johann Beer, 1655 geboren und seines Zeichens Theologe und Musiker. Seine Kindheit verbrachte er im Attergau, und nach einer Karriere von europäischen Dimensionen schrieb er sein Tagebuch nieder. Darin ist unter anderem auch nachzulesen, was geschah, wenn ein Schiff die Einfahrt in den Kanal am Traunfall verfehlte:

> »Einstmahls fuhren Braut und Bräutigam vom Gmunden nacher Linz, weil sich aber der Phote (Bote), so geschickt worden, damit d. Fall eröffnet würde, von wegen viel zu sich genommenen Trunkes unter wegens eingeschlaffen, mussten diese beyden sammt allen, die auf dem Schiffe waren, in den Wildfall elendiglich umkommen. Desgleichen ist vor wenigen Jahren einem Benedictiner Mönch, der ein guter Musicus, und im Closter Lambach Küchen Meister gewesen, widerfahren, wellcher allda sein Leben ellendiglich hat enden müssen.«

Der »Fahrbare Fall« des erfindungsreichen Wehrmeisters Seeauer bewährte sich dennoch bis zur Einstellung der Traunschifffahrt, als Ende des 19. Jahrhunderts auch im Salzkammergut das Zeitalter der Eisenbahn begann. Doch Thomas Seeauers Konstruktionen haben ganz offensichtlich Zukunftstauglichkeit eingebaut: Der ehemalige Schifffahrtskanal dient heute als Wasserzubringer für ein Elektrizitätswerk.

Abenteuer Traunfall

An der Wende vom 18. ins 19. Jahrhundert, als die vordem eifersüchtig abgeschottete Welt des Salzkammergutes auch schon von unternehmungslustigen und robusten Touristen bereist wurde, war auch jener bayerische Arzt und Naturforscher Josef August Schultes unterwegs, der es am Traunfall schaudernd genoss, das Erlebnis einer überkommenen Arbeitswelt mit Abenteuerurlaub zu verbinden.

Schon 1311 war der Traunfall einigermaßen schiffbar gemacht worden. Doch erst der geniale Thomas Seeauer sorgte im 15. Jahrhundert für eine halbwegs sichere Fahrrinne.

Den Lesern seines Werkes »Reisen durch Österreich« berichtet er folgendermaßen:

> »Wenn Sie sich entschließen können, auf der Traun hinab in die Donau zu fahren, so haben Sie gewiss die interessanteste Wasserfahrt getan. In vier Tagen sind Sie in Wien, wenn Sie nicht einige Abstecher nach Lambach und Kremsmünster in die dortigen Pfaffennester oder in das herrliche Stift St. Florian, das doch wohl als einziges gesehen zu werden verdient, machen wollen. Wenn Sie auf einem kaiserlichen Salzschiff fahren wollen, so müssen Sie sich eine besondere Erlaubnis beim Salzoberamt bewirken. Lieber Freund, Sie werden einen Wasserfall hinabfahren. In der kurzen Strecke von 200 Klaftern wird das Schiff mit Ihnen eine Höhe von 10 Klaftern hinab fliegen. Fürchten Sie nichts! Sehen Sie, wie der Schnabel des Schiffes hinabstößt in die schäumende Tiefe, wie das Schiff, als drohe es in der Mitte zu brechen, krachend sich biegt unter seiner Last, dass die Wogen weit herumspritzen. Widerlich sind mir nach meinem Gefühl

Endlich ruhiges Fahrwasser für das Salzschiff nach der gefährlichen Bewältigung des Traunfalls: Thomas Seeauer sei's gedankt.

die sogenannten Schleudern. Es handelt sich da um Beschläge am Ufer aus losen Balken, an die das Schiff hart heranfahren muss, um wieder in den Fluss hinausgeworfen zu werden. Da krachen die Wände des Schiffes, als wollte alles in Trümmer bersten, da beutelt es die zentnerschweren Fässer und Salzstöcke im Schiff wie Bohnen im Sieb. Die Schiffswand pfeift am Beschläg vorbei, und wir sind wieder hinausgeworfen in den Strom.«

Thomas Seeauer, der dreieinhalb Jahrhunderte zuvor die Voraussetzungen für diese brausende Talfahrt geschaffen hatte, begnügte sich übrigens nicht mit der Zähmung der Traun. Er wirkte entscheidend beim Ausbau der Schifffahrt auf der Moldau zwischen Budweis und Prag mit und trug endlich dazu bei, dass die Eisenschifffahrt auf Enns und Mur gefahrlos betrieben werden konnte. Es nimmt nicht wunder, dass dieser geniale Erfolgsmensch aus den abgeschiedenen Tälern des inneren Salzkammergutes bald auch Anlass für respektvolle Legenden wurde. Unter anderem hat man ihm ein Alter von hundertzehn Jahren angedichtet. Heute weiß man, dass Thomas Seeauer immerhin gut über achtzig Jahre alt wurde und diese Zeit auch zur Zeugung von zwölf Töchtern und neun Söhnen nutzte. Schon zu Lebzeiten hatte man ihm das Recht verliehen, ein Wappen zu führen, und dann wurde er auch noch geadelt. Wolf Seeauer trat dann erfolgreich, wenn auch nicht so aufsehenerregend, in die Fußstapfen seines Vaters. In den folgenden Jahrhunderten schrieben Seeauer Hallstätter Geschichte und gehörten als Salzfertiger, Marktrichter oder auch Bürgermeister zu den bedeutendsten Familien im Salzkammergut. Einer, Bedra, brachte es sogar zum Abt von St. Peter. Der erste Hallstätter Dampfschiffunternehmer hieß, was keinen wundert, Karl Seeauer – sein prächtiges Hotel beherrschte ja den Landeplatz. Der letzte Seeauer heiratete in Ischl in die mächtige Hoteliersfamilie Koch ein: Er führte das noble Hotel Elisabeth. Noch heute hängen in einem uralten Hallstätter Haus große Ölgemälde der berühmtesten Seeauer. Einer davon hat angeblich die Eigenschaft, fürwitzigen Besuchern mit seinen Augen zu folgen. Das stimmt natürlich nicht. Andererseits: Einem Seeauer ist alles zuzutrauen.

Das Reformationslibell der Habsburger

Damit wenden wir uns wieder dem ruhmreichen, doch finanzschwachen Hause Habsburg zu. Nach Maximilian I. war Erzherzog Ferdinand, der spätere König, für die Entwicklung des Salzkammergutes von wesentlicher Bedeutung. Er forderte nicht nur dem Gmundner Salzamt den Bau von achtundzwanzig Kriegsschiffen, sogenannten »Nassaren« ab, tadelte die Äbtissin von Traunkirchen ob der Holzverschwendung ihrer Untertanen und forderte für sich von der Stadt Gmunden durch »gnedigst Ansinnen und Begehren« ein unverzinsliches Darlehen in beträchtlicher Höhe – nein, er war es auch, der dem Salzkammergut klare und zukunftweisende Unternehmensstrukturen gab. Dabei verließ er sich nicht auf sein persönliches Urteil, sondern stellte Kommissionen erfahrener Fachleute auf, die erst einmal in allen Salinen Betriebsprüfungen durchführten. Ihre Kommentare und Verbesserungsvorschläge waren die Grundlage für eine »Reformierte Ordnung des Salzwesens zu Hallstatt und des Amtes in Gmunden«, die nunmehr als »Richtschnur und Regel« galt, »dass selbige in allen und jeden seiner Klauseln und Punkten sancte zu observieren sei«. Diesem umfangreichen Papier von 1524, auch als »Erstes Reformationslibell« bekannt, folgten noch, um den in der Praxis damit gemachten Erfahrungen gerecht zu werden, zwei weitere Ausgaben. Erstaunlicherweise wurde in diesen Grundsatzpapieren sogar an die chronisch hungrigen Salzarbeiter gedacht:

> »Und nachdem die Nahrung zu Hallstatt hart ankhombt und theur ist / dehshalb die Arbeiter viel Hunger leiden zu der großen strenngen Arbeit / die Tag und Nacht werd / damit sich dieselben aber dest pas vnderhalten möchten / hat weiland unser lieber Herr und Ahnherr / Kaiser Maximilian / den See zu Hallstatt ze fischen erlaubt.«

Auch die schon weniger hungrigen Mitarbeiter der Hofschreiberamtes und die satten Herren des Salzamtes durften sich aus dem Hallstätter See bedienen – »ein zymlich nottdurft visch draus« –, aber nur an Festtagen und wenn sie dienstlich in der Gegend unterwegs waren. Das Fischrecht in Gosau blieb hingegen der kaiserlichen Familie vorbehalten. Um das alles noch etwas komplizierter zu machen, hatten auch noch der Pfleger auf Wildenstein und die Äbtissin von Traunkirchen Fischrechte am Hallstätter See und an der Traun. Doch allmählich begannen im Salzkammergut moderne Strukturen das in Jahrhunderten gewachsene Geflecht von Privilegien und Nutzungsrechten zu überlagern. Die durch kluge Reformen kräftig gesteigerte Produktion der Hallstätter Salinen hatte schon 1534 den Bau einer zweiten Pfanne notwendig gemacht, doch für eine dritte fehlte es an Holz. In dieser Situation kam 1562 die Erschließung einer neuen Salzlagerstätte in Ischl gerade recht, nicht einmal zehn Jahre später ging hier die erste Sudpfanne in Betrieb.

Der Pfleger auf Burg Wildenstein verwaltete als Teil einer straffen Organisation das Ischlland. Heute sind von diesem ungeliebten Amtssitz nur noch Mauerreste erhalten.

Das Ischlland, das oberösterreichische Salzkammergut, war zu einer durchorganisierten, ertragreichen salinenärarischen Kolonie geworden, zu einem Staat im Staate im Dienste des Hauses Habsburg.

Burg Pflindsberg, hoch über dem Altausseer See, sollte dereinst einem gottlosen Bischof Salz und damit Reichtum sichern. Schon lange ist steinerne Habgier in die Stille gesunken.

Salz aus dem Ausseerland

Auf einer waldigen Erhöhung ist zwischen Altaussee und Lupitsch die Ruine der Burg Pflindsberg zu finden: müde Mauerreste, die nichts mehr Bedrohliches an sich haben. Wie der Hallstätter Rudolfsturm schaut auch Pflindsberg auf einen See nieder, den Altausseer See. Beide wehrhafte Bauten dürften im 13. Jahrhundert entstanden sein.

Der Bauherr von Pflindsberg war aber kein habsburgischer Landesfürst, sondern ein Abenteurer im geistlichen Gewand: Philipp von Sponheim, Bruder des Herzogs Ulrich von Kärnten und Neffe des Böhmenkönigs Wenzel, ein gewählter Salzburger Erzbischof, der aber die geistlichen Weihen nicht empfangen wollte. Der steirische Reimchronist Ottokar weiß nicht viel Gutes über ihn zu berichten: »Man sah ihn Wunder treiben / Dieweil das Land war herrenlos.« Geldgierig, leichtlebig und machtliebend, wie er nun einmal war, besetzte er die Saline am Sandling, versprach aber immerhin dem steirischen Stift Rein eine Abgeltung der alten Rechte. Wenige Jahre später war der Spuk vorbei, aber das Ennstal und das Ausseerland kamen unter ungarische Gewalt. 1260 trat der Böhmenkönig Ottokar auch in Aussee das babenbergische Erbe an, und nach dessen Tod bekam Albrecht I. die österreichischen Länder zum Lehen. Die Burg Pflindsberg war dann durch Jahrhunderte Herrschaftssitz, Wohnung des Salzbergmeisters, Gerichtsort und Gefängnis. 1749 fiel das schon ziemlich schäbige Gemäuer an den Staat, der wenig damit anzufangen wusste. So blieben von einem bedrohlichen Denkmal Salzburger Expansionsdranges nur ein paar müde Mauerreste. Pflindsberg weiß aber auch noch andere Salzgeschichten zu erzählen: An der Burg vorbei führt jener Weg, der einer längst nicht mehr bestehenden Soleleitung vom Moosberg nach Lupitsch folgt,

Welt und Unterwelt, der Berg lässt bitten: Stolleneingang im Schaubergwerk Altaussee.

wo im 13. Jahrhundert eine Salzsiedepfanne stand. Als dann Holz zunehmend knapp wurde, verlegte man die Pfannen in die Gegend von Aussee, an die Traun, wo es einfacher war, große Mengen von Brennstoff herbeizuschaffen. Die Wanderung von Burg Pflindsberg nach Lupitsch berührt aber auch jenen Saumpfad und uralten Salzhandelsweg, der im 14. Jahrhundert von Aussee über Obertressen, Altaussee und Pflindsberg nach Lauffen führte. Mehr noch: Funde aus jüngster Zeit belegen, dass auch schon die Römer diesen Weg genommen haben.

Die Salzgewinnung im Ausseerland hat ihre Anfänge an der Westseite des Sandlings, wo der Michelhallbach den Leislinggraben hinabfließt und in den Zlanbach mündet. »Hall« wie auch »Zlan« deuten auf Salz hin, »michel« stand bis in das 12. Jahrhundert für »groß«. Außerdem gibt es dort Flurnamen mit der Vorsilbe »Pfann«. Diese frühe Saline, in der Quellsole versotten wurde, hat vermutlich das Kloster Traunkirchen betrieben, dessen missionarischer Einfluss ja bis ins Ausseerland reichte. Auf alten Landkarten wird die Westseite des Sandlings noch als »Vordersandling« und die Ostseite als »Hintersandling« bezeichnet. Diese schmähliche Blickrichtung vom Ischlland her konnte natürlich nur eine vorübergehende Zeiterscheinung sein. Schon im 12. Jahrhundert dampften die Salzpfannen an der Ostseite des Sandlings und waren damit zu einer inneren Angelegenheit des Ausseerlandes geworden, wie sich das so gehört.

An dieser Stelle ist ein Ausflug in die Nähe von Graz angebracht, wo in einem stillen Seitental der Mur am Fuß des Ulrichsberges Stift Rein steht. Dort erbte Markgraf Leopold der Starke ein Gut und gründete 1129 ein Kloster, dem dann Markgraf Ottokar III. »duas patellas in Enstal apud Mahorn« widmete, also zwei Salzpfannen im Bereich der Grafschaft Ennstal bei Ahorn. Dieses »Ahorn« lag im Bereich des heutigen Altaussee. Stift Rein wusste jedenfalls gut damit umzugehen: Schon 1164 konnte in Graz eine Handelsniederlassung gegründet werden – die erste in der Stadt. Rein wurde zu einer der größten Grundherrschaften des Landes mit ausgedehntem Waldbesitz. Diesen wirtschaftlichen Erfolg münzten die Zisterzienser entschlossen in gottgefällige Werke um: Von Rein aus wurden in rascher Folge vier weitere Stifte gegründet, darunter Withering und Schlierbach. Heute ist in Stift Rein die mittelalterliche Bausubstanz, welche im 15. Jahrhundert von Türken schwer beschädigt wurde, nur noch zu erahnen.

Die Salinen der Zisterzienser

Im Ausseerland dürfte das Stift Stollen und Solequellfassungen angelegt haben. Damit wurde erstmals nach dem prähistorischen Bergbau in Hallstatt erneut in den Ostalpen unter Tag Steinsalz gefördert und Sole gewonnen. Wer am Altausseer Dietrichskogel den Wald durchstreift, kann Spuren eines Schachtes finden, der auf die Anlage einer primitiven Schöpfgrube hinweist. In dieser Gegend gibt es aber auch Abraumhalden und Stollenpingen, also grabenförmig eingesunkene Stellen eines alten Bergwerkes, das schon Ende des 12. Jahrhunderts verlassen war. Stift Rein sott in Altaussee nicht nur Salz, sondern führte am Talboden westlich des Sees eine Landwirtschaft zur Versorgung der Salzarbeiter. Überhaupt betrieben die fleißigen Zisterzienser ihr Salinenhandwerk durchaus professionell: Sie konnten auf bergmännische Erfahrungen ihrer Mitbrüder aus dem Harzgebiet zurückgreifen, und 1146 unternahm Abt Gerlach aus Stift Rein eine höchst aufschlussreiche Studienreise nach Reichenhall: Dort besichtigte er Quellfassungen sowie Siedeanlagen und kehrte mit jeder Menge technische Anregungen in die Steiermark zurück. Die Mönche kannten sich in der Holzwirtschaft aus und beschäftigten schon um 1200 Schmiede, die Bleche für Sudpfannen hämmern konnten. Auch der Transport von Altaussee in die Mittelsteiermark war damals bereits bestens organisiert: Das Stift besaß Güter in Mitterndorf, St. Lorenzen, in Dörfl bei Mautern und in Bachern bei Bruck, die am Salztransport mitwirkten und in den Urbaren als »Salzämter« bezeichnet wurden. Als dann im 12. Jahrhundert die Soleerzeugung stark zurückging, erschloss das Stift mit neuen Schürfen am Ahornbergstollen so erfreulich reiche Salzlager, dass der Landesfürst in begehrliches Nachdenken geriet. Er ließ einen neuen Stollen eröffnen und bemächtigte sich nach und nach aller Bergwerksanlagen. Das ließ sich der immerhin auch recht einflussreiche Abt von Rein nicht widerspruchslos gefallen. Endlich löste Herzog Leopold der Glorreiche 1211 die Rechte des Stiftes großzügig ab, »um der Gerechtigkeit, des Friedens, der Not des Klosters, und des eigenen Seelenheils willen«.

Die Macht der Hallinger

An der Altausseer Traunbrücke, dort, wo heute das Wirtshaus zur Scheichlmühle Gäste, die es mag, liebevoll umsorgt und andere erst gar nicht einlässt, stand schon um 1280 eine Mühle. Ringsum, in der »Arzleiten«, hatten die landesfürstlichen Salzbergleute ihre Siedlungsflächen, die bald bis Obertressen reichten. Um diese Zeit entstand auch an der alten Salzstraße rund um die schon bestehende Kirche St. Paul der Salinenort Aussee. Somit wurde das alte Ahorn, später »Awsse interior«, als »Inneres Aussee« zu Altaussee. Während dort die Knappen die Entwicklung prägten, waren für Aussee die Salzpfannen und der Salzhandel von entscheidender Bedeutung.

Seit ihrem Bau im 14. Jahrhundert steht die Ausseer Spitalskirche wie ein kompaktes Stück Mittelalter im Ort. Die alte Pfarrkirche St. Paul wirkt durch zahlreiche Umbauten jünger.

In Hallstatt und anderswo im Ischlland spielten die Salzfertiger eine zunehmend wichtige Rolle, in Aussee entwickelten sich einfache Pfannhauser zu weitgehend selbstständigen Betreibern der Sudstätten, die dann auch das Dörren des Salzes übernahmen und am Höhepunkt ihrer Macht die Nutzung der Salinen und sogar des Bergwerkes pachteten: die Hallinger. Schon 1334 gab es vierundzwanzig Ausseer (darunter drei Frauen), die als Hallinger ihren Beruf in der Saline als erbliches Lehen innehatten. Es gab sechs exakt definierte Arbeitsbereiche: den »Schürstab« (Heizen), »das Zuziehen« (Zusammenziehen der Salzkristalle in der Pfanne), das »Überziehen« (Heben des Salzes über den Pfannenrand), die »Pehrschaufel« (Füllen des gesammelten Salzes in die Kufen), das »Possel« (Einstoßen des Salzes in die Kufen) und das »Helfen« (flexible Mitarbeit in allen Arbeitsbereichen). Besonders Pehr und Pehringer sind heute noch gebräuchliche Namen im Ausseerland.

Als sich der Salinenort Aussee erstaunlich rasch in einen Kurort verwandelte, rückten die dampfenden Salzerzeugungsstätten an den Ortsrand.

Die Hallinger, eifrig bemüht, ihre Geschäfte auszuweiten, standen allerdings schon längst nicht mehr persönlich an den Sudpfannen. Sie konnten sich damit begnügen, als Unternehmer tätig zu sein, die Lohnarbeiter beschäftigten. Zwar stand seit dem 13. Jahrhundert der Landschreiber an der Spitze des herzoglichen Salinenwesens, doch das hinderte die Hallinger nicht daran, mehr oder weniger unverfroren zu versuchen, die Saline privat unter sich aufzuteilen und der Kontrolle des Landesfürsten zu entziehen. Außerdem ärgerten sich die Hallinger über das große Salzbezugsrecht des Stiftes Rein und plädierten lautstark für eine Verminderung. Friedrich der Schöne und später Albrecht der Lahme sandten mahnende Signale, drohten, dem jungen Markt die Gerichtsbarkeit zu entziehen oder mit einer Pfändung durch den Landschreiber. Die Hallinger nahmen das mit beiläufigem Interesse zur Kenntnis, wohl wissend, dass sie unentbehrlich waren, gute Leistungen erbrachten und auch gutes Geld ablieferten.

Trotz der getrennten Verwaltung von Ausseerland und Ischlland gab es offensichtlich sehr alte Verbindungen und Verbindlichkeiten: Aussee lieferte jährlich 24 000 Salzstöcke nach Gmunden, während sich Gmunden an den Erhaltungskosten der Burg Pflindsberg beteiligte. Auch leistete Hallstatt wiederholt Zahlungen an den Altausseer Salzberg.

Landesfürst gegen Salzfürst

Ungeachtet überkommener Rechte und Pflichten war für die Hallinger jedenfalls 1334 die Zeit dafür reif, jene Machtfülle, die sie in der Praxis hatten, zur Institution zu formen: Sie wollten nicht nur ihr verbrieftes Recht auf Arbeit und Salz, sondern auch die Verfügung über Wälder, Sole, Salinen und Vertriebswege, indem sie die landesfürstliche Domäne in einen genossenschaftlichen Betrieb umwandelten. Da läuteten freilich in Graz die Alarmglocken. Die Herzoge Albrecht II. und Otto luden die Hallinger mit aller gebotenen Deutlichkeit an den Hof, konfrontierten sie mit einer neuen Amtsordnung und ahndeten Jahrzehnte frecher Aufmüpfigkeit mit besonders schmerzlichen, weil kostspieligen Strafen: Volle zwanzig Siedewochen lang mussten die Hallinger alle Ausseer Pfannen mit Holz aus ihren privaten Wäldern befeuern. Kaum vier Wochen wurde ihnen Zeit gegeben, zwei neue Pfannen »aus guten Stücken wohl zu bereiten«. Dann folgte auch noch die ernsthafte Mahnung, das landesfürstliche Waldeigentum anzuerkennen und herzogliche Holzleute nicht zu beirren. Die Namen jener Hallinger, die sich damals misslaunig zurück ins Ausseerland begaben, sind bekannt, und einige davon klingen auch heute noch mit: Der Lehenwald des Herrn Rutz findet sich als »Kalß im Draxl« in Unterkainisch 14 wieder, und der Name Grill gehört noch immer zum Ausseer Alltag.

Die Verhältnisse waren nunmehr geklärt: Ein Pfleger vertrat die Interessen des Landesherrn. Es gab zwar eine offiziell anerkannte Genossenschaft der Hallinger, sie hatte aber keinen Anteil und keine Rechte am Bergbau. Auch die Pfannen und das dort erzeugte Salz gehörten dem Landesherrn. Die Waldungen und die Forstleute waren direkt dem Pfleger unterstellt. Nur die Dörrhäuser blieben im Besitz der Hallinger. Außerdem bekamen sie für ihre Arbeit zehn Prozent

Hoch über Altaussee hatten über Jahrhunderte die Knappen ihr einschichtiges und selbstbewusstes Reich. Heute sind die mächtigen Steinberghäuser Zeugen einer vergangenen Arbeitswelt.

der erzeugten Salzmenge und dazu noch Geld. So hatten die verhinderten Ausseer Salzfürsten zwar an Macht verloren, nicht aber die Möglichkeit, sich durch umtriebige Geschäftstüchtigkeit nachhaltig zu bereichern. Sie nutzten diese Chance so gut, dass sie ihren alten Einfluss rasch wiedergewonnen hatten, nur diesmal eben ganz legal. Der Landesfürst konnte es also durchaus wagen, in Zeiten der Geldnot den nunmehr loyalen Hallingern auch einmal die Saline zu verpachten. Nicht einmal der landesfürstliche Salzverweser, der über den Dächern der Bürgerhäuser im mächtigen Gebäude des Kammerhofes auf dem heutigen Chlumetzkyplatz residierte, erwies sich auf die Dauer als wirksamer Gegenpol. Hallinger wurden in den Adelsstand berufen, und 1422 bekleidete einer von ihnen sogar das Amt des Salzverwesers und damit sozusagen auch die Aufsicht über sich selbst.

Damals hatte es ganz den Anschein, als wäre der unaufhaltsame Aufstieg der Ausseer Salzbürger durch nichts mehr zu bremsen. Doch überall in Österreich gab es schon Bestrebungen, das gesamte Salzwesen in einem Monopol zu verbinden, und einer solchen Entwicklung waren private und noch dazu eminent selbstbewusste Salzsäcke im Wege. Als Friedrich III. auf dem Weg von Graz zur

Kaiserkrönung nach Aachen im Ausseer Kammerhof nächtigte, erregte der hohe Besuch kein allzu großes Aufsehen: Es war nämlich gerade Fasching, und während dieser unfromm geheiligten Tage ist die alltägliche Wirklichkeit bekanntermaßen erst einmal außer Kraft gesetzt. Das hinderte Friedrich aber nicht daran, begehrliche Pläne zu schmieden. Erst einmal begnügte er sich damit, die Hallinger mit sanftem Nachdruck davon zu überzeugen, dass es ihnen zur freudigen Ehre gereiche, seinen Ungarnfeldzug mit zu finanzieren. Dann aber ging er daran, den Stand der Hallinger höflich, aber bestimmt auszurotten. Nach und nach brachte er sie dazu, ihm ihre Güter zu verkaufen, und schließlich löste er auch noch ihre Genossenschaft auf. Dass er es dabei für unter seiner kaiserlichen Würde hielt, versprochene Summen prompt zu bezahlen, versteht sich eigentlich von selbst. Immerhin wurden die wichtigsten ehemaligen Hallinger mit schönen Posten versöhnt.

Des Kaisers Salzverweser

Nachdem nun auch die Ausseer Salzwirtschaft zur Gänze in einem Kammergut vereint war, konnte der oberste Salzherr ohne Umschweife darangehen, möglichst viel Geld zu verdienen. Wie auch in Hallstatt verkamen im Ausseerland Bergwerk und Saline zur schlecht gewarteten, überbeanspruchten Produktionsmaschinerie; zukunftssichernde Investitionen hielt man für entbehrlich. Diese Entwicklung fand ihren tristen Höhepunkt, als der Kaiser 1492 das gesamte Kammergut an seinen Hofmarschall verpachtete. Ein Jahr später starb der greise Monarch, und mit Maximilian I. bekam die Salzwirtschaft in den Kammergütern diesseits wie jenseits des Pötschenpasses endlich wieder neue Perspektiven.

Der neue Kaiser hob den unwürdigen Pachtvertrag eilends auf und holte einen Mann als Salzverweser in den Kammerhof, der kraft seiner glänzenden Fähigkeiten und einer erstaunlich komplexen und farbigen Persönlichkeit das wichtigste Kapitel der Ausseer Salzgeschichte schrieb: Hans Herzheimer. Als er sein Amt antrat, hatte er schon eine Karriere europäischen Formats hinter sich: Als Offizier im Dienste des Königs Wladislaw von Böhmen und Ungarn wurde er in Anerkennung seiner klugen Tapferkeit zum Ritter geschlagen. Daraufhin bewies er in Bayern frohen Mutes, dass er auch als herzoglicher Küchenmeister zu Spitzenleistungen fähig war. Dann wurde er wieder kriegerisch, trat in österreichische Dienste, und 1493 hatte er sogar wesentlichen Anteil am Sieg über die Türken bei Laibach. Maximilian I. hatte Herzheimer in Wien kennengelernt, als Friedrich III. feierlich zu Grabe getragen wurde. Von da an verband Herzheimer ein ungewöhnlich freundschaftliches Verhältnis mit dem Herrscher, und nur dessen Interessen stellte er über seine eigenen, als er daranging, sich mit der Ausseer Salzwirtschaft auseinanderzusetzen. Wer mit den Gebräuchen im Lande nur einigermaßen vertraut ist, kann sich recht gut jenes schier unerschütterliche Beharrungsvermögen vorstellen, das sich Herzheimers Versuchen entgegenstellte, Vertrautes neu zu regeln und vor allem natürlich Einnahmequellen aller Art zu erschließen. Der Salzverweser ging dabei mit gewissenhaftem Fleiß, freundlicher Aufgeschlossenheit und unerbittlicher Konsequenz ans Werk. Er vergaß dabei auch nie, die Entwicklung im Ausseerland in größeren Zusammenhängen zu sehen und sich bei dieser Gelegenheit auch gleich gesellschaftlich zu profilieren. Obschon er einem Konkurrenzunternehmen der Halleiner Salzerzeugung vorstand, hielt er sich sehr gerne in Salzburg auf, wo damals Erzbischof Leonhard von Keutschach – jener mit der beblätterten Rübe im Wappen – Bürger, die von einer freien Reichsstadt träumten, mit grimmigem Nachdruck dazu brachte, keinen Gedanken mehr an irgendwelche Privilegien zu verschwenden.

Der auf diese Weise zur Raison gebrachte Bürgermeister hieß Georg Waginger, und dessen Tochter, Ehrentrudis, erkor sich Herzheimer zur ersten seiner drei Frauen. So nebenbei ließ er sich und seinen Lieben an vielen Orten vorsorglich Grabdenkmäler errichten und bewährte sich als Verfasser sentimentaler Inschriften. Zwei seiner Söhne studierten übrigens in Wittenberg bei Dr. Martin Luther. Herzheimer gönnte sich auch diese Bekanntschaft und brachte an-

Durch Jahrhunderte wurde im Kammerhof das Ausseer Salzwesen verwaltet. Das mächtige Gebäude dürfte im 14. Jahrhundert entstanden sein. Heute hat hier im Heimatmuseum die Vergangenheit Zukunft.

schließend das nützliche Kunststück zuwege, den Reformator glühend zu verehren und dabei ein treuer Katholik zu bleiben.

Nach dem Tod seines kaiserlichen Freundes und Gönners Maximilian hielt es Herzheimer nicht mehr in Aussee. Zurück blieben natürlich Grabdenkmäler: Eine Gruftplatte, die nie sein Grab bedeckte, ist heute am Haupteingang der Ausseer Pfarrkirche zu sehen, wie auch jene seiner Gattin Ehrentrudis. Aber auch dort, wo man es im Salzkammergut nicht vermuten würde, trifft man auf Herzheimers steinerne Botschaft, wie zum Beispiel im verträumten Hof des ehemaligen Klosters Traunkirchen. Auch eine Büste Kaiser Franz Josephs ist hier zu finden. Ob Steine miteinander reden? Jedenfalls hätten diese beiden Herren einander eine Menge zu erzählen.

Herzheimers Nachfolger im Verweseramt, Christoph von Praunfalk, gab sich dann nicht mehr mit Sentimentalitäten ab. Er orientierte sich am zunehmend erfolgreichen Ischlland und präsentierte sich den Ausseern, die sich an Herzheimer inzwischen wenigstens irgendwie gewöhnt hatten, als kühler Rationalisierungsfachmann neuzeitlicher Prägung. Eine neue Marktverordnung beseitigte auch die letzten Reste alter Hallingerherrlichkeit, eine straffe, zentrale Organisation zwang Individualität in einen möglichst produktiven Raster, Politik wurde zum Instrument der Wirtschaft umfunktioniert, und sogar die Kirche sah sich in ihren Rechten beschnitten. Vor allem aber wirkte Praunfalk energisch der beginnenden Holzknappheit entgegen: Eigenwälder kamen ausnahmslos unter landesfürstliche Forstoberhoheit, und für die ehemaligen Eigentümer gab es enttäuschend bescheidene Holzservitute. Ob steirisches oder oberösterreichisches Salzkammergut: Die Hofkammer durfte sich ans Geldzählen machen.

Salz aus Tirol

Dort, wo sich die alte Salzstadt Hall an das Innufer drängt, neben dem Münzertor, dem letzten noch erhaltenen Stadttor, steht schwer und ernst, wie ein unverrückbares Stück Vergangenheit, die Burg Hasegg. Sie stand schon schützend da, als im Jahr 1256 in einer Schenkungsurkunde erstmals ein »Salzhaus zu Hall« erwähnt wurde. Herzog Sigismund der Münzreiche ließ später den romanischen Kern der Burg mit seinem wuchtigen, hoch aufragenden Bergfried im Sinne der Gotik umgestalten, und schließlich wurden hier auch noch Kaiser Maximilians Träume vom ritterlichen Ruhm des Hauses Habsburg in antikisierende Architektur umgesetzt. Auf Hasegg folgte dem in Gmunden unterzeichneten Ehevertrag die feierliche Trauung Maximilians mit Bianca Maria Sforza. Die Wandlung der Burg vom wehrhaften Gemäuer im Dienste einer aufstrebenden Salinenstadt zur bedeutenden Münzstätte als Ausdruck von auf Salz gegründeter politischer Macht und wirtschaftlichem Wohlstand konzentriert wie ein Hohlspiegel die Entwicklung der Tiroler Salzwirtschaft. Doch auch das weitere Schicksal der alten Stadtburg steht symbolisch für den Lauf der Geschichte: Bis in die erste Hälfte des 18. Jahrhunderts war die Münzprägung von einiger Bedeutung, obwohl Hall gegenüber der aufstrebenden Residenzstadt Innsbruck immer mehr zurückstehen musste. Doch dann kam allmählich das Ende. Andreas Hofer war 1809 der Letzte, der hier Münzen prägen ließ. Burg Hasegg verkam zur nutzlosen Hülle und schien dem Verfall preisgegeben, als sie 1974 dann doch gerettet wurde. Heute ist sie ein Kulturzentrum, die Numismatische Gesellschaft tagt unter einer wuchtigen maximilianischen Balkendecke, und auch das Haller Stadtmuseum ist hier untergebracht. Über fast zweihundert Stufen gelangen konditionsstarke Besucher unter das uralte, von Holznägeln zusammengehal-

Als eine »wohl erbauete, lustige Statt am Inn« beschreibt der Begleittext das alte Hall in Tirol und vergisst auch nicht, das Salzbergwerk zu erwähnen: »Ohngefähr auf eine Meyl weegs von der Statt.«

tene Gebälk des Dachstuhls und stehen dann hoch über den Dächern der alten Stadt auch ein wenig über den Dingen. Die weit über sieben Jahrhunderte alte Arbeitswelt des Salzbergbaus und der Saline ist 1967 erloschen, die feudale Ordnung liegt in Trümmern, doch Burg Hasegg steht merkwürdig unberührt im Strom der Zeit: Alle Erdbeben, die Hall immer wieder so bedrohlich erschütterten, ließen die starken Mauern unversehrt. Auch 1670, als der Pfarrturm auf den Oberen Stadtplatz fiel, blieb der Münzturm einigermaßen heil, und auch von den Fliegerbomben des Zweiten Weltkriegs blieb Hasegg verschont. Vom Turm aus geht der Blick weit ins Land, auch zum Halltal mit seinen Salzlagerstätten hin, wo im 13. Jahrhundert erstmals Sudpfannen dampften. Der erste Stollen wurde 1272 angeschlagen und diente zur Soleerzeugung. Ein weiterer Stollen lieferte das notwendige Wasser, mit dem Salz aus dem Haselgebirge gelöst wurde. Schon damals wurden auch Stollen angeschlagen, die nicht unmittelbar der Salzgewinnung dienten: So wie in früheren Zeiten Salzquellen genutzt wurden, dampfte man nun eben die in Schächten und Laugwerken gewonnene Sole ein. Zu dieser Zeit vergaben die Grafen von Tirol die Arbeit im Berg als Lehen, zu dem auch ein bestimmtes Abbaufeld gehörte: der »Schlag am Berg« oder der »Hallberg«. Jeder Lehensinhaber beschäftigte vier Knappen, die nach

Der berühmte Halleiner Münzerturm um 1890, im Vordergrund das Gebäude der alten Salinenschmiede.

ihren Werkzeugen den Namen »Eisenhauer« bekamen. Das Inntal war von dieser ersten Saline über drei Wegstunden entfernt, also erwies es sich als günstiger, das benötigte Brennholz aus dem Karwendel zu holen, obwohl dabei das Stempeljoch und das Lafatscherjoch mit Höhen von über 2 000 Meter überwunden werden mussten. Obwohl schon damals Rodung und Aufforstung durch Waldordnungen geregelt waren, wurden die Berge mit einer Radikalität abgeholzt, die ganze Landstriche für lange Zeit veröden ließ.

Arbeit als Lehen

Schon 1290 wurde im Bereich des damaligen Marktes Hall, wo bereits kleinere Salzpfannen bestanden, ein Sudhaus am Ufer des Inn errichtet. Hier gab es gute Möglichkeiten zur Holztrift, und überdies sorgte die Schifffahrt auf dem Inn für einen problemlosen Salztransport. Von da an bis 1715 blieb es beim Standort des Pfannhauses am Unteren Stadtplatz, wo sich noch heute Haus und Garten der alten Salinendirektion befinden. Jetzt konnte man darangehen, die Tiroler Waldlandschaft weiträumig und in größerem Maßstab zu verändern: Aus den Klausen im Tiroler Oberland, aus dem Pitztal, dem Sellraintal und dem Wipptal trieben ganze Wälder dem Inn zu und weiter flussabwärts zum 1307 gebauten großen Holzrechen. Im Jahr 1293 wurden zum Beispiel an die 120 000 Bäume gefällt.

An einer bedeutenden Wasserstraße gelegen, mit Sudhütte und dem Lagerhaus, entwickelte sich der Markt Hall rasch zu einer respektablen Siedlung, die 1303 das Stadtrecht verliehen bekam und auch ein Wappen mit naheliegender Gestaltung, wie wir wissen: eine Salzkufe im roten Feld. Vom Halltal herab floss das salzige Nass durch die Holzrohre einer neun Kilometer langen Soleleitung mit Solestuben, die der Druckunterbrechung und Speicherung von Vorräten dienten. So wie im Ausseerland wurden die wichtigsten Arbeiten in der Saline als Lehen vergeben, und auch in Tirol entwickelte sich daraus ein Stand der Hallinger, später respektlos als Kübler bezeichnet. Diese Familien wurden zwar einigermaßen reich und angesehen, arbeiteten aber nie gegen die Interessen des landesfürstlichen Unternehmers. Das lag einerseits wohl an der tirolerischen Tugend unverbrüchlicher Untertanentreue, sehr im Gegensatz zur ausseerischen Widerspenstigkeit, andererseits war die Salzgewinnung in Hall eben ein straff geführtes Unternehmen, das wenig Freiraum für eigenbrötlerische Heimlichkeiten bot.

Graf Meinhard schuf so bis Ende des 13. Jahrhunderts einen leistungsfähigen Wirtschaftskörper, sein Sohn Otto setzte das Werk fort, und schließlich gab Graf Heinrich VI., der als König von Böhmen den Machtansprüchen der Luxemburger hatte weichen müssen, der Stadt Hall eine offenbar unerlässliche Institution: das Salzamt. Ein Amt braucht natürlich Beamte, vereidigt, mit fixen Bezügen versehen, mit Salzgenüssen und anderen Lebensmittelzuwendungen bedacht und mit dem verbrieften Recht, Sachspenden als »Ehrung« anzunehmen. Auch eine Bergbauordnung wurde erlassen, und im Gegensatz zu heutigen Papieren erwies sie sich für die nächsten paar Jahrhunderte als durchaus praxistauglich. Um sich der Arbeitskraft fachlich versierter Knappen und Pfannhauser zu versichern, erklärte

Heinrich außerdem das Gebiet vom Eingang des Halltales bis hinter den Salzberg und den Bereich der Saline innerhalb der Dachtraufe zur Freyung. Wer in diesem Bereich tätig war, unterstand der Gerichtsbarkeit des Salzamtes. Die Erträge stiegen, und schon im 14. Jahrhundert erwies es sich als notwendig, die entsprechenden Absatzmärkte zu sichern. Die Regierung verbot die Einfuhr von italienischem Meersalz und verbesserte die Vertriebswege durch die Errichtung von Salzkästen im oberen Inntal, aber auch in Bozen und Meran: So entstand die berühmte Salzstraße von Hall über Matrei zum Brenner und weiter nach Südtirol.

Das Haus Habsburg tritt auf den Plan

Neben seinen anerkannten Verdiensten um die Salzwirtschaft hatte Graf Heinrich allerdings auch einige ziemlich kostspielige Eigenheiten: Eingedenk seiner königlichen Vergangenheit lebte er unbekümmert über seine Verhältnisse, liebte in kurzer Zeit drei Gemahlinnen ins Grab und ließ sich auf geldraubende politische Abenteuer ein, die letztlich von der Saline Hall finanziert werden mussten. Als auch diese »Gnadengelder« nicht mehr ausreichten, um die zunehmend unhöflichen Gläubiger zu befriedigen, ging der Landesfürst eben nach auch anderswo bewährter schlechter Sitte daran, die Salzerzeugung zu verpfänden. Vorerst begnügte er sich mit einzelnen Produktionsstätten, doch schon 1328 waren Bergwerk und Saline zur Gänze verpfändet. Zwei Jahre später wurde diese einträgliche, doch für das schonungslos ausgebeutete Unternehmen schädliche Praxis auch noch zur einigermaßen undurchsichtigen Familienangelegenheit: Die Saline kam an Beatrice von Savoyen, die ein Jahr später entkräftet dahinsank. Heinrich folgte ihr 1335, und damit kam die Salzerzeugung in die Hände seiner Tochter Margarete, die sich später über den wenig schmückenden Beinamen »Maultasch« ärgern musste. Schon als Zwölfjährige war sie mit Johann Heinrich von Luxemburg verheiratet worden, den sie später unter herzlichem Beifall der Tiroler aus dem Land warf. Ohne sich von lästigen Scheidungsangelegenheiten aufhalten zu lassen, nahm sie Herzog Ludwig von

Bayern, den Sohn Kaiser Ludwigs, zum Mann, der als höchst erfreuliche Morgengabe Gebiete östlich des Zillers, Kufstein, Kitzbühel und Rattenberg mit in die Ehe brachte. Von da an war sie von Feinden umgeben: Die gekränkten Luxemburger wählten den Bruder des verworfenen Ehegemahls, Karl IV., zum Gegenkaiser, und der sittlich entrüstete Papst belegte die sündhafte Tirolerin mit dem Bann sowie das Land mit dem Interdikt: Es durften keine Gottesdienste mehr gehalten werden. Angesichts dieser anregend unsicheren Situation trat das Haus Habsburg auf den Plan. Albrecht II. und dann auch noch Rudolf IV. versuchten nicht ganz ohne Hintergedanken, den Papst zur Anerkennung von Margaretes Ehe zu bewegen. Endlich war der Papst dazu bereit, und Margarete hatte allen Anlass, dem Hause Habsburg verbunden zu sein. Als wenige Jahre später Ludwig und dann auch noch Margaretes einziger Sohn starben, schloss sie mit Rudolf einen Vertrag, dem zufolge Tirol nach ihrem Tod an das habsburgische Österreich fallen sollte. Nicht ganz freiwillig reiste sie nach Wien, wo dann recht nachdrücklich dafür gesorgt war, dass sie bis zu ihrem Lebensende dem Vertrag treu blieb.

Damit war Tirol habsburgisch geworden und natürlich auch das Bergwerk und die Saline von Hall. Zwar bestätigte Rudolf IV. den Bürgern der Salinenstadt ihre Rechte, doch er beeilte sich energisch, die Pächter loszuwerden. Um rasch Kapital zu schaffen, verkaufte er vermögenden Familien frei verfügbare Anteile am Salzbergbau. Die Habsburger nützten auch ihre Erfahrung mit den Betrieben im Salzkammergut und holten von dort Leute nach Tirol, die den Bergbau und die Saline in Hall auf den neuesten Stand brachten. Neue Stollen wurden angeschlagen, und die Hallinger, freudig gewillt, am Erfolg teilzuhaben, bekamen eine eigene Pfanne geliehen und versuchten sich durchwegs erfolgreich als Salzhändler. Dann kamen unruhige Zeiten: Herzog Friedrich mit der leeren Tasche und sein Nachfolger Herzog Sigismund der Münzreiche waren vollauf damit beschäftigt, Kriege und Streitigkeiten aller Art durchzustehen, und Hall musste sehen, wie es allein durchkam. Dann, 1430, kamen auch noch die Bayern, brandschatzten die Umgebung, zerstörten die Soleleitung und belagerten – gottlob vergeblich – Hall. Siebzehn Jahre später wütete ein schreckliches Feuer in der Stadt und zerstörte fast alle Häuser. Zwar blieb die Saline unversehrt, doch die Pfannhauser waren weggezogen und mussten erst mit Nachdruck dazu bewogen werden, an ihre Arbeitsplätze zurückzukehren.

In dieser Zeit bekam aber auch der Name Hall eine im Sinne des Wortes kostbare Prägung: Schon um 1450 hatte das Salzamt der Stadt die Aufgabe übernommen, alle alten, eingezogenen Münzen zu sammeln. 1477 wurde Hall dann auch noch zur Münzstätte. Erst ging es im Schlösschen Sparberegg, das sich heute im Komplex des Haller Damenstiftes verbirgt, um bare Münze. Dann wurde die Prägung von Goldgulden, der »Guldinger«, vorbereitet, die ab 1567 auf Burg Hasegg nicht mehr geschlagen, sondern mit von Wasserkraft angetriebenen Walzen maschinell geprägt wurden. Die Qualität der noblen Geldstücke war so hervorragend, dass sogar der spanische König Philipp II. in Hall nachfragen ließ und dann zwei der neuen Prägemaschinen für Segovia bestellte.

Während Hall als Münzstätte zu Weltruhm gelangte, hatte auch die Salzerzeugung eine glänzend erfolgreiche Zeit. Zu Beginn des 16. Jahrhunderts setzte Maximilian I. neue Impulse: Er kaufte die Betriebsanteile der früheren Geldgeber zurück und wurde mit Hall, Aussee und Hallstatt zum uneingeschränkten Herrscher über Österreichs Salzwirtschaft. Eine neue Bergordnung und Reformen ließen Hall erfolgreich nach den Gesetzen der Marktwirtschaft funktionieren. 1492 legte der Herrscher Wert darauf, persönlich den Königsberghorizont mit dem König-Max-Stollen anzuschlagen. Auch in der landesfürstlichen Burg Hasegg wurde er aktiv und ordnete an, die Georgskapelle und den Salzmeiersaal auszubauen.

Soziale Vorrechte der Haller Knappen

Maximilian war sich des Wertes von Hall wohl bewusst: Das Salzmonopol brachte ein Achtel und mehr der gesamten landesfürstlichen Einnahmen, noch dazu solche, die frei verfügbar waren.

Dieses Marterl, das an einen 1935 verunglückten Knappen erinnert, wurde natürlich unter Tage, im Salzberg, angebracht.

45 000 Fuder Salz, also etwa 7 560 Tonnen wurden im 15. Jahrhundert in Hall gewonnen, und im 16. Jahrhundert stieg diese Produktion sogar auf das Doppelte an. Als Monopolinhaber konnte Maximilian natürlich auch die Absatzmärkte seiner Salinen optimal aufeinander abstimmen: Das Salzkammergut hielt sich aus dem Verkaufsgebiet der Tiroler heraus, Reichenhall und Salzburg konnten mit vereinten Kräften in die Schranken verwiesen werden. Ferdinand I. setzte mit einem »Reformationslibell« das Modernisierungswerk seines Vorgängers konsequent fort und sorgte auch für eine im Vergleich zum Salzkammergut geradezu vorbildliche soziale Stellung der Knappen und Pfannhauser. Im Kammergut, einem Staat im Staate, wo es keine Reisefreiheit gab, ja nicht einmal die Freiheit,

ohne Bewilligung des Salzamtes zu heiraten, hatten die Salzarbeiter keine Alternative. Im Inntal, wo es zahlreiche Arbeitsmöglichkeiten gab, war es schon eher ratsam, Fachkräfte bei Laune zu halten. Die Arbeiter erhielten Barlohn, aufgebessert durch Prämien und Ehrenpfennige zu besonderen Anlässen. Dazu gab es Naturalbezüge in Form von Getreide und Schmalz. Für Krankheiten und Unfälle war Vorsorge getroffen, den Salzarbeitern stand ein Spital zur Verfügung, und im Todesfall bekamen die Hinterbliebenen Beihilfen. Die Befreiung der Knappen und Pfannhauser vom Militärdienst galt auch für das Salzkammergut, lag sie doch nicht zuletzt im Interesse der Landesherren. Andererseits dürfte die Möglichkeit, Urlaub zu machen, eine Spezialität von Hall gewesen sein, auch wenn so ein Urlaub natürlich unbezahlt war und auf eigene Kosten ein Stellvertreter besorgt werden musste.

Jedenfalls lief alles zum Besten in Hall, und es hatte nicht den Anschein, als ob sich das in absehbarer Zeit ändern könnte.

Damals entstand dieser Tiroler Landreim: »Den Edlen Saltzperg hat Gott hergeben, / wer mag doch sein abgang erleben, / hat noch guet Salz vil hundert Jar!«

Das Salz der Erde und das Salz der Behörde

Mitte des 19. Jahrhunderts fasste der Hamburger Advokat und Naturwissenschaftler Dr. Matthias Jacob Schleiden den Gedanken, die Verbindung von Natur und Kulturgeschichte des Menschen in drei Beispielen darzulegen. Er wählte die Rose, das Pferd und das Salz, also eine Pflanze, ein Tier und ein Mineral. So entstand eines der ersten Bücher, die das Salz mit einer ganzheitlichen Betrachtungsweise würdigen. Es gelang Schleiden in imposanter Weise, die komplexe Bedeutung des lebensnotwendigen Minerals über Jahrtausende hinweg darzustellen. Als Weltbürger im Sinne des Wortes schuf er eine salzige Geographie von den schottischen salt-coats zum preußischen Salzkotten, vom österreichischen Salzburg zum indischen Salzburg, nämlich Lavanäpura. Schleiden berichtet vom afrikanischen Salzsee Ossal, wo das Mineral in der Form von Wetzsteinen abgebaut wurde, die dann im Lande Shoa als Währung dienten: Für zwanzig Amoles, also Salzstücke, gab es einen Maria-Theresien-Taler. Er zitiert aber auch Marco Polo, der von durch Sieden in kleinen Pfannen hergestellten Salzkuchen berichtet, die dann, mit dem Siegel des Kaisers versehen, als wirklich gemünztes Geld in Umlauf gelangten. Ganz zu schweigen von einer allseits bekannten deutschen Münze, dem Heller, der seinen Namen im 13. Jahrhundert in Schwäbisch Hall bekam, als damit die Pfannhauser bezahlt wurden. Dem materiellen Wert des Salzes stellte Schleiden dessen konkrete wie auch symbolische Bedeutung für das Leben an sich gegenüber: Salz als Lebensmittel und als Konservierungsmittel, Salz aber auch als Zeichen von Verbundenheit und Gastfreundschaft.

»Der Salzbund, melach berith, war bei den Israeliten das festeste Band unter Menschen. Noch jetzt schließen die arabischen Fürsten Bündnisse, indem sie Salz auf Brod streuen und dabei ausrufen: ›Friede! (Salem) Ich bin Deiner Freunde Freund und Deiner Feinde Feind‹, und noch jetzt nennt man das einen ›Salzbund‹ (bareth milh).« Auch jeder Schwur wird durch Salz und Brod heiliger. Bei einer Bitte sagen die Araber: »Um des Brodes und Salzes willen, das zwischen uns ist, thue das.«

Daher wird Salz auch nur bei Bündnissen auf die Tafel gesetzt, um keine nicht gewollten Bündnisse zu begründen. Salz und Brod sind überall Pfand der Gastfreundschaft, so bei Beduinen und Drusen. Einzelne Beispiele sind höchst interessant. Dschellal-eddin sendete den mit seinen Feinden verbündeten Chazaren Brod und Salz, um sie an ein altes Bündnis zu erinnern, und sogleich gingen sie zu ihm über. Jacub ben Laith, der Stifter der Dynastie der Saffariden, war früher Räuber. Bei einem nächtlichen Einbruch stieß er im Dunkeln auf etwas Hartes. Er nahm es auf, kostete es und fand, dass es Salz sei, und sogleich legte er seine schon gemachte Beute wieder ab und verließ das Haus unberaubt, in dem er Salz genossen hatte.

Die Symbolkraft eines Minerals

Bis heute ist es erstaunlich, mit welcher Selbstverständlichkeit die Symbolkraft des Salzes die Grenzen zwischen Kulturen und Religionen überwand. Die alten Hochkulturen, Griechen, Römer, Heiden, Christen: Salz stand stets für ein gütliches Miteinander. Für die Griechen war das Mineral obendrein noch göttlich: Immerhin hatte Neres, die Meeresgöttin, dem Peleus, Vater des Achill, Salz zum Hochzeitsgeschenk gemacht. Die Menschen durften an diesem Geschenk teilhaben und taten gut daran, sich bei den Göttern dafür zu bedanken: Salz durfte bei keinem Opfer fehlen. Die Römer streuten Salz ins Opferfeuer, und ihre Dichter fanden hymnische Worte des Lobes, wie zum Beispiel Plinius:

»Ohne das Salz, mein Gott, kann man kein zivilisiertes Leben führen. Das Salz ist eine derart notwendige Substanz, dass es auch die intellektuellen Freuden bezeichnen kann. Und in der Tat ist es das Salz, das ihnen ihren Namen gibt; für alle Annehmlichkeiten des Lebens, für die äußerste Fröhlichkeit, für die Erholung nach den Mühen gibt es kein Wort, das diese Freude besser ausdrückt.«

In der hebräischen Tradition kam dem geheimnisvollen Element der Schöpfung dann eine ambivalente Rolle zu: Salz brachte Segen, war Grundstoff des Lebens, reinigte, bewahrte und würzte. Salz konnte aber auch zerstören, ließ Böden unfruchtbar werden oder vollzog ein himmlisches Strafgericht. Ausgerechnet die Stadt Sodom, welche gemeinsam mit Gomorrha jenes Salz aus dem Toten Meer lieferte, das zu den kostbarsten Vorräten des Tempels in Jerusalem zählte, Opfergaben vor dem Verderb bewahrte und selbst geopfert wurde, der so überaus nützliche Salzlieferant Sodom also, verfiel der Lasterhaftigkeit. Jahwe zerstörte die Stadt, Lot samt Familie durfte entfliehen, und seine Frau büßt seitdem, wie man weiß, ihre unkeusche Neugier als sprichwörtlich gewordene Salzsäule. Jüdische Könige folgten dem göttlichen Vorbild, wie zum Beispiel Abimelech, der eine aufständische Stadt verwüsten ließ und Salz auf die Ruinen streute, damit sein Zerstörungswerk auch von Dauer sei. Im Neuen Testament kam das Salz dann eher gleichnishaft vor, wie zum Beispiel in der Bergpredigt: »Ihr seid das Salz der Erde. Wenn das Salz seinen Geschmack verliert, womit kann man es wieder salzig machen? Es taugt zu nichts mehr; es wird weggeworfen und von den Leuten zertreten. Ihr seid das Licht der Welt.« Salz gehörte aber auch ganz konkret zur Taufe, spielte eine wichtige Rolle in der Liturgie und war so zwischendurch auch einmal Gegenstand eines Wunders. Als zum Beispiel der Gründer des Zisterzienserordens, der Heilige Bernhard, feierlich zum Abt des Klosters von Clairvaux eingesetzt werden sollte, fehlte es an Salz. Der Heilige schickte voll Gottvertrauen einen Mönch los und versank in ein offensichtlich sehr wirksames Bittgebet: Der ausgesandte Bote traf sogleich einen anderen Priester, dessen Maultier einen großen Sack Salz trug.

Nachdem Salz also in vielfacher Hinsicht dazu gut war, der Beziehung zwischen den Menschen und höheren Mächten eine besonders wirkungsvolle Note zu geben, lag auch der Gedanke an seine Nützlichkeit im Umgang mit dem Teufel nahe. Im Maghreb und in Guyana gibt es sogar eine Sage, die von Menschen erzählt, denen es dereinst gelang, dem Teufel Salz auf den Schwanz zu streuen. Die höllische Zier schmerzte dermaßen, dass sie in Flammen aufging und dem armen Teufel nichts anderes übrig blieb, als sich den Schwanz abzubeißen. Bei Exorzismen spielte Salz eine ganz wesentliche Rolle, und weil es der Beelzebub offensichtlich verabscheute, kamen auch Menschen ins Gerede, die mit Salz auffällig sparsam umgingen. Wo es an Salz fehlt, ist nämlich der Teufel nicht weit. Demnach wurde bei nächtlichen Hexenfestmählern natürlich salzlos gespeist. Bei den schändlichen Hexenprozessen des Mittelalters genügte nicht selten das Geständnis, salzlos gegessen zu haben. Ein Mineral, das der Teufel nicht mochte, musste andererseits dem Menschen guttun: Salz galt als reinigend und belebend. Für die Freimaurer wurden Salz, Schwefel und Quecksilber zu den männlichen und weiblichen Prinzipien. Das symbolisierte die Auferstehung zum Licht.

Was dem Menschen guttut

Eine Prise Aberglaube darf natürlich auch nicht fehlen: Der scholastische Gelehrte Albertus Magnus gab zum Beispiel den wundersamen Rat, man möge doch Salz ins Haus eines persönlichen Feindes streuen, weil es dort bald darauf von Schlangen nur so wimmeln würde. Verschüttetes Salz bedeutete nun einmal Unglück, wie übrigens auch auf Leonardo da Vincis Gemälde vom Letzten Abendmahl zu sehen ist: Vor dem unglückseligen Apostel Judas liegt ein umgeworfenes Salzfass.

Man traute es dem Salz zu, Jungfrauen in der Abwehr sündhafter Gedanken zu stärken, und die Franzosen fanden auch gleich das

Der Ausschnitt des Gemäldes »Das letzte Abendmahl« nach Leonardo da Vinci zeigt neben der rechten Hand des Judas ein umgestoßenes Salzfass als Symbol für kommendes Unheil.

richtige Wort für ein Fräulein, das in dieser Abwehr nicht wirklich erfolgreich blieb: dessalée – entsalzt. Andererseits hat die anregende Wirkung des Salzes auch eine erotische Komponente. Aphrodite, aus dem salzigen Schaum des Meeres geboren, ist nicht von ungefähr die Göttin der Liebe. Verliebte Köchinnen, die das Essen versalzen, sind noch heute sprichwörtlich, wenn auch ein anderer liebevoller Brauch in Vergessenheit geraten ist: Im 16. und 17. Jahrhundert wird häufig in Wort und Bild von Ehepaaren berichtet, die einander einsalzen, um allzu langweilige Süße zu vertreiben. Ein Holzschnitt aus dem Jahr 1557 zeigt frohgemute Frauen, die ihre schamhaft widerstrebenden Männer strategisch entblößt in ein Pökelfass stopfen. Darunter steht die sinnenfrohe Erklärung zu lesen:

> »Unsere Männer sind so edel und süß,
> dass sie gerne unseren Dienst ertragen.
> Deshalb salzen wir sie auf diesem Salzfass
> von vorn und hinten ein, um ihr Geschlecht
> noch stolzer zu machen.«

Dieser 1557 entstandene Holzschnitt illustriert ziemlich unverhohlen den Volksglauben an die vitalisierende Kraft des Salzes und seine nachdrückliche Anwendung.

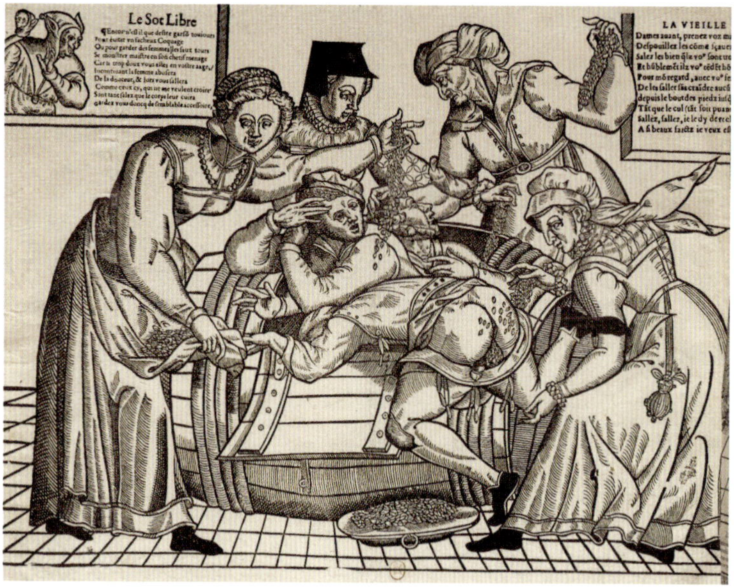

Es kam also so mancherlei zusammen: Die Nützlichkeit des Salzes als Haltbarmacher, der Genuss der Würze, vermutete Heilkraft, erhoffte Vitalität, die Abwehr von Dämonen und die Erlangung himmlischen Wohlwollens. Kein Wunder, dass diese unwiderstehlich reizvolle Mischung ihre Würzkraft bis in die jüngste Vergangenheit und auch noch in die Gegenwart bewahrte. Natürlich hat Salz, das die Bewohner der Städte nicht mehr als mirakulöses Mineral, sondern als Industrieprodukt erfuhren, viel vom alten Zauber verloren. Doch auf dem Lande hielt man es nach wie vor für klüger, es sich weder mit den alten Dämonen noch mit dem Christengott zu verderben. Salz, womöglich auch noch geweihtes, hielt Krankheiten von Ställen und Weiden fern, nahm, ins Feuer gestreut, Gewittern ihre Gefährlichkeit und schützte das Vieh auf der Alm. Wenn also ein Mineral in so vielen Lebensbereichen wirksam wird und sich in vielfacher Hinsicht als unentbehrlich erweist, ist natürlich stets die Gefahr gegeben, dass auch die Obrigkeit ins Nachdenken kommt – und das wird gewöhnlich teuer.

Salz als Herrschaftsinstrument

Den unrühmlichen Anfang machte vermutlich schon im dritten Jahrtausend v. Chr. der chinesische Kaiser Yü: Er beutete die Provinz Xantung aus, indem er von ihr als Naturalabgabe unentgeltliche Salzlieferungen forderte. In den folgenden Jahrhunderten sorgten die Machthaber im Reich der Mitte dafür, dass der Salzhandel zu ihrem Monopol wurde und der überhöhte Salzpreis zu einer steten Einnahmequelle. Als im Jahr 117 v. Chr. angesichts der Hunnengefahr die Abgaben auf Salz und Eisen für die Aufstockung des Militärbudgets noch einmal kräftig angehoben wurden, gärte es im Volk, und der Rat der Weisen, dem auch der allseits geehrte Konfuzius angehörte, tadelte die Regierung:

> »Mit einem so blinden Rezept kann kein Staat gerettet werden, indem man vorzüglich die Schwachen schlägt und den Aufschwung der arbeitenden Masse niederdrückt, während die wohlhabenden Familien vom Salzhandelsmonopol profitieren und im Überfluss leben. Das Wohl des Landes beruht viel mehr auf der Arbeit des Volkes als auf dem Wohlstand einiger Mandarine.«

Kaiser Chou hörte sich das alles geduldig an, prüfte es wohlwollend und erklärte schließlich, dass es geradezu verbrecherisch wäre, auf munter plätschernde Einkommensquellen zu verzichten, in einer Zeit, in der man gar nicht genug Geld haben konnte.

Dieser Auffassung schlossen sich in den folgenden Jahrhunderten kapitalhungrige Regierungen aller Art an: Ägypter und Hebräer kassierten eine Salzsteuer, und auch Alexander der Große wollte nicht darauf verzichten. Die Römer gaben sich vorerst zurückhaltend und entzogen sogar die Salzproduktion den privaten Unternehmern, um den Preis möglichst niedrig zu halten. Doch eben dieses staatliche Monopol ermöglichte es Konsul Livius, den Zweiten Punischen Krieg mit einer Salzsteuer zu finanzieren. Das trug ihm den Hass des Volkes ein, und einen wenig ehrenden Beinamen bekam er auch noch: Salinator, also Salzknecht. Seine Nachfolger im zunehmend korrupten Römischen Reich hielten jedoch an der einträglichen Praxis fest, und immer dann, wenn die Wut in der Bevölkerung gefährlich zu werden drohte, wurden besänftigende Salzspenden verteilt. Später folgten die europäischen Regierungen respektvoll dem römischen Vorbild, und je mehr das Salz zur internationalen Handelsware wurde, desto besser war es auch möglich, den Preis mit Zollabgaben hochzuhalten. Die Menschen murrten und zahlten, weil sie keine andere Möglichkeit hatten. Da und dort trösteten sie sich wenigstens mit hübschen, doch wirklichkeitsfernen Sagen: Salzige Heilwässer seien versiegt, weil sie mit einer Abgabe belastet wurden, und ganze Salzvorkommen blieben so lange verschwunden, bis die schändlichen Zölle aufgehoben wurden. Auch vom russischen Großfürsten Swatopluk wurde erzählt, der aus Habgier seinem Volk preiswertes Salz vorenthielt. Also sammelte ein wundertätiger Mönch in allen Zellen des Höhlenklosters von Kiew Asche und verwandelte diese in Salz für das darbende Volk. Die privilegierten Händler konnten ihre sündhaft teure Ware also nicht mehr verkaufen. Auf ihre empörte Anklage hin wurde den Leuten ihr gespendetes Salz weggenommen, worauf es sich flugs in Asche verwandelte. Der Großfürst fluchte, ließ die Asche wegwerfen, und siehe: Schon war sie wieder Salz fürs Volk.

Doch die sagenhafte höhere Gerechtigkeit fand leider nicht statt, während die Salzsteuer schmerzliche Realität blieb. Immer wieder wurde ihre soziale Ungerechtigkeit beklagt, und die Argumentation blieb im Wesentlichen so, wie sie der kämpferische Kulturhistoriker Schleiden zusammenfasst, der die Salzsteuer »eine der schlimmsten Ausbeutungen der Armen und Schwachen durch die Reichen und Mächtigen« nannte, mit der

> »den Armen das Brod genommen wird, weil es eben eine physiologische Unmöglichkeit ist, dass der Reiche aus Luxus eine viel größere Quantität des Salzes braucht als der Arme. Maximum

> und Minimum sind hier in gleicher Weise durch die unabänderlichen Gesetze der thierischen Organisation bestimmt. Arme und Reiche zahlen unvermeidlich gleich viel, das heißt, was sonst der Reichtum tragen müsste, wird bei dieser Steuer vom Armen abgepresst, damit der Reiche freigeht.«

Mit neueren Tendenzen, in Deutschland Salz für Industrie und Gewerbe von der Steuer zu befreien, kann Schleidens soziales Gewissen noch weniger anfangen, und erzürnt greift er zur Satire:

> »Die Conditoreien, ohnehin Luxusanstalten ohne volkswirthschaftliche Bedeutung, bekommen ihr Betriebssalz unversteuert, damit der näselnde Junker sein Ananaseis etwas billiger auslöffeln kann, die Bierbrauereien aber, die ein, man kann wohl jetzt sagen, nothwendiges Nahrungsmittel und den einzigen Erquickungstrank für den Armen bereiten, müssen ihr Betriebssalz versteuern.«

Eine geradezu perfide Kreativität in konsequenter Anwendung der Salzsteuer als Herrschaftsinstrument bewies das absolutistische Frankreich mit der Gabelle. In einem Edikt Ludwigs XII. aus dem Jahr 1502 steht es, in pragmatischer Rücksichtslosigkeit formuliert, nachzulesen: »Die Gabelle ist das einfachste, ertragreichste und zwangloseste Subsidium, das in allen Zeiten erhoben worden ist, weil es die Angehörigen aller Stände betrifft.«

Diese Abgabe, gleichermaßen als indirekte Verbrauchssteuer und staatlich gelenktes Verteilungssystem wirksam, das willkürlich festgesetzte Preise ermöglichte, war für die Herrschenden in der Tat ein Erfolgsmodell. König Ludwig XIV. konnte gegen Ende seiner Regierungszeit etwa fünfundzwanzig Prozent des Staatshaushaltes aus der Gabelle finanzieren. Wenige Reiche profitierten, die Armen wurden noch ärmer, und vor allem verzweifelten die Bauern, weil sie ja relativ viel Salz für das Vieh brauchten. Vereinzelt kam es zu bewaffneten Aufständen, die rasch und blutig niedergeschlagen wurden. Erst die Französische Revolution brachte ein Ende der Gabelle, der dann 1805 eine neue, nicht mehr ganz so schmerzliche Salzsteuer folgte.

Monopol des Staates

In Österreich war die Entwicklung weitaus weniger dramatisch. Nachdem die Landesfürsten den Salzhandel als Monopol übernommen hatten, gab es zwar nach wie vor eine Salzsteuer, doch sie wurde diskret im Salzpreis versteckt. Mit dem Verkauf des Salzes durch den Staat war die Steuer bezahlt und wurde im weiteren Vertriebsweg an die Konsumenten als »eigentliche Steuersubjekte« weitergereicht. Das galt allerdings nur für Speisesalz: Für den Menschen ungenießbares Industriesalz und Viehsalz waren von der Steuer befreit. Nachdem aber die »Renaturierung der Denaturierung« für findige Köpfe kein unlösbares Problem darstellte, drohten hohe Strafen für missbräuchliche Verwendung. In der Donaumonarchie galt es überdies sicherzustellen, dass die Salzproduzenten Österreich, Ungarn und Bosnien-Herzegowina steuerlich nicht durcheinandergerieten. Es galt also, den Salzpreis so zu regulieren, dass der grenzüberschreitende Handel uninteressant war.

Die Donaumonarchie ist schon sehr lange Geschichte, das Salzmonopol fiel aber erst 1995 mit dem Beitritt Österreichs zur Europäischen Union. Die schier unglaubliche Metamorphose eines uralten Amtes zum Privatunternehmen hat stattgefunden. Gefährlich frisch bläst seitdem der Wind der freien Marktwirtschaft, doch auch erfreulich belebend.

Heiß umfehdet, wild umstritten

Heute gibt es Salz im Überfluss. Es lässt sich zwar immer noch damit verdienen, wenn man es geschickt anstellt, doch jene Jahrtausende, in denen das Mineral zu Recht den schmückenden Namen »das weiße Gold« trug, sind für immer vorbei. Daran, dass die Verteilung der Schätze unserer Erde immer wieder zu Auseinandersetzungen führen kann, ja sogar zu Kriegen, hat sich allerdings nichts geändert: Gab es in früheren Zeiten Salzkriege, wird in Zukunft wohl um Wasser gekämpft werden.

Die erste urkundlich belegte bewaffnete Auseinandersetzung, bei der es um Salz ging, ließ im Jahr 58 v. Chr. zwei mächtige Germanenstämme aufeinanderprallen: die Chatten und die Hermunduren. Der römische Historiker Tacitus berichtet:

> »So wurde … eine große Schlacht geschlagen, in der sie um den salzführenden Grenzfluss stritten. Außer ihrer Neigung, alles mit Waffen zu entscheiden, wirkte dabei noch die religiöse Überzeugung mit, dass dieses Land dem Himmel am nächsten sei und dass die Götter nirgends die Gebete der Menschen aus größerer Nähe hörten. Daher komme auch durch die Gnade der Götter in jenem Strom und in jenen Wäldern Salz zutage, nicht wie bei anderen Völkern durch Ausscheiden beim Eintrocknen des Meerwassers, sondern indem Wasser über einen brennenden Holzstoß gegossen wird, wächst das Salz aus den feindlichen Elementen Feuer und Wasser zusammen.«

Es ging also schlichtweg um ein salziges Paradies, in dem der feurige Gottesdienst auch gleich eine praktische Nutzanwendung hatte. Tacitus gönnt sich allerdings ein paar Ungenauigkeiten: Nicht der

Grenzfluss führte Salz, sondern an seinen Ufern gab es Salzquellen, vermutlich im Bereich des heutigen Bad Salzungen im Thüringer Wald, und die salzsiedenden Germanen dürften damals die Salzgewinnung aus dem Meer noch nicht gekannt haben. Wie auch immer: Es kam in den folgenden Jahrhunderten zwar relativ selten vor, dass im Streit um Salz Waffengewalt angewendet wurde, doch es geschah immer wieder. Venezianische Truppen zerstörten im 10. Jahrhundert Comacchio und vier Jahrhunderte später Cervia mit seinen Salzgärten. Im 16. Jahrhundert kämpften der Sultan von Marokko und der König von Mali um den Salzstock von Taoudeni.

Ein klassisches Beispiel für einen österreichischen Salzkrieg ist jener schon erwähnte Streit, den der österreichische Herzog Albrecht I. und der Salzburger Erzbischof Konrad IV. immerhin über fünf Jahre hinweg ausfochten. Die Geschichte beginnt Anfang des 13. Jahrhunderts nicht in Österreich, sondern im Erzbistum Salzburg, in einer entlegenen, damals noch unbewohnten Waldwildnis, der Gosau. Erzbischof Eberhard II. schenkte das Gebiet dem Benediktinerstift St. Peter, und die ebenso frommen wie tätigen Brüder gingen ohne Umschweife daran, die Wildnis von Salzburg her urbar zu machen und Menschen anzusiedeln, denen dann auch Siedler aus dem Trauntal gefolgt sein dürften. Es gab gute Gründe dafür, ein abenteuerliches Pionierdasein zu riskieren: Der reiche Waldbestand versprach gute Einkünfte, gerodetes Land konnte als Weidefläche dienen, und außerdem war damals schon bekannt, dass es in der Gosau salzhaltige Quellen gab, die übrigens heute noch sprudeln und als »saure Wasser« bekannt sind: am Leitgebkogel, im Roßalpengraben und auf der Roßalm. Am Leitgebkogel findet sich auch noch ein uralter Bergwerksstollen mit einer Abraumhalde.

Ein Salzkrieg zwischen Erzherzog und Erzbischof

Doch zurück ins 13. Jahrhundert. Die Ottokarische Reimchronik berichtet in nobler Unschärfe von Wurzeln eines künftigen Konflikts: Herzog Albrecht ließ nämlich den »Gebirgsstock, wo die Salzburger in dem Kuchltal (Salzachtal) Salz gewannen, von der anderen Seite anfahren und das daraus gewonnene Salz in einem eigenen Salinenwerk versieden, zum großen Schaden des Bischofs«. Albrecht tat sich also am Rande seines Herrschaftsbereiches am Salze gütlich und verließ sich erst einmal darauf, dass die Grenze vom fernen Salzburg aus kaum zu kontrollieren war. Bei dem erwähnten Gebirgsstock zwischen Salzachtal und Gosautal dürfte es sich um den Leitgebkogel gehandelt haben. Schon schwieriger ist die Frage zu beantworten, wo Albrecht seine Sudpfanne errichtet hatte und wo die in der Reimchronik erwähnte Siedlung Traunau lag. Der Name könnte auf die Gegend von Steeg oder Gosaumühle, eben im Trauntal, hinweisen, andererseits ist der Bau einer viele Kilometer langen Soleleitung für das 13. Jahrhundert mehr als unwahrscheinlich. Vermutlich wurde das salzige Nass also nur vom Prieltal ins Vordere Gosautal geleitet, wo, vermutlich etwa in der Gegend des heutigen Klaushofes, Siedlung und Saline standen. Jedenfalls wusste der Salzburger Kirchenfürst von diesen Aktivitäten, und das ohnedies nicht sehr gedeihliche Klima zwischen ihm und Herzog Albrecht verschlechterte sich dadurch merklich.

Ein anderer Grund für schwelende Konflikte lag nämlich im Ennstal: Dort machten beide Herren einander widersprechende Gebietsansprüche geltend. Erzbischof Konrad II. entschloss sich, die freche Salzsiederei Albrechts erst einmal dort zu ahnden, wo eine Auseinandersetzung mehr Gewinn versprach. Er verbündete sich mit den Bayern und einigen steirischen Grafen, doch auch Albrecht hatte guten Grund, sich stark zu fühlen: Hinter ihm stand der mächtige Abt Heinrich von Admont. Im Februar 1292 war dann die diplomatische Phase der Auseinandersetzung beendet und es gab Krieg. Truppen aus Salzburg und Bayern besetzten Rottenmann und Gröbming, nahmen auch noch Admont ein und zogen siegessicher weiter bis nach Bruck an der Mur und Leoben. Albrecht zog eilends mit dreihundert Mann über den Semmering, und der Abt von Admont versperrte mit einem Bauernaufgebot das Ennstal. Die Eindringlinge waren dadurch gezwungen, durch das Murtal in den

Ein friedlicher Ort als Ausgangspunkt kriegerischer Auseinandersetzung um Salz: Gosau.

Lungau zurückzuweichen, und Albrecht fand auch noch Zeit dafür, zwecks süßer Rache das erzbischöfliche Friesach brandschatzen zu lassen. Konrad, der sein Kriegsglück schwinden sah, wandte sich an den Papst um Hilfe, doch dieser hatte andere Sorgen. Erst dem Bischof von Regensburg gelang es, einen für Konrad halbwegs erträglichen Friedensschluss zu vermitteln. Albrecht erklärte sich gnädig dazu bereit, seine Rechte auf Radstadt drei Jahre lang ruhen zu lassen, und er versprach sogar, das Salzsieden in der Gosau ein Jahr lang zu unterlassen.

Gleichzeitig hielt er aber an seinem Recht darauf fest. Nach einem Jahr dampfte die Pfanne also wieder, und Konrad schaute so lange zähneknirschend zu, bis ihn aus Wien die Nachricht ereilte, Albrecht sei bei einem Gastmahl vergiftet worden und nunmehr mausetot. Frohlockend rief der Erzbischof zum Kampf. In Hallein rottete sich der »povel« zusammen, wie in Ottokars Reimchronik nachzulesen ist, machte sich auf den Marsch ins Gosautal und zerstörte die Sudanlagen. Albrecht, bleichen Antlitzes, doch schon wieder recht lebendig, ließ daraufhin Salzburger Besitzungen im Gosautal verwüsten. Damit waren aber die bedauernswerten Benediktiner von St. Peter als Eigentümer des Tales zwischen die Fronten geraten. Um den Schaden wenigstens zu begrenzen, ließen sie

Albrecht wissen, dass sie nichts mit dem Vorgehen ihres rabiaten Kirchenfürsten zu tun hätten, und dass der Herzog demnach die Güte haben möge, ihre Besitzungen unbehelligt zu lassen. Solchermaßen auch klerikal gestärkt, war es nun an Albrecht, sich an den Papst zu wenden. Er hielt sich aber erst gar nicht mit der Bitte um Vermittlung auf, sondern forderte gleich einmal, wenn auch vergeblich, die Verhängung des Kirchenbannes über Konrad. Inzwischen hatten sich die Salzburger in Radstadt festgesetzt, das Albrecht für sich und Admont beanspruchte. Der Herzog ließ die Stadt belagern, doch der Erzbischof konnte sie mit Hilfe Ottos von Bayern halten und mehr noch: Er verhängte über die in seinen Augen unfrommen Spießgesellen Albrecht und Heinrich (den Abt von Admont) den Kirchenbann. Es gab zähe Verhandlungen, der Papst entschloss sich endlich doch, Albrecht vor die Kurie zu laden, doch dieser zeigte sich unbeeindruckt. Erst 1297 streckten die Streithähne die Waffen, und sie taten es unter dem sanften Diktat einer starken Frau: Elisabeth, die Gattin Albrechts, schuf die Voraussetzungen für den Frieden von Wien. Der Herzog verzichtete unbeschwerten Sinnes auf das Salzsieden in der Gosau, weil ihm der Erzbischof dafür die stolze Entschädigung von 3000 Mark Silber Wiener Gewichts bezahlte. Außerdem musste der Salzburger Kirchenfürst auf eine Reihe von Einkünften aus dem Ennstal verzichten, nur Radstadt und ein Teil der Admonter Vogtei blieben ihm zum Trost. Dermaßen motiviert, wandte sich Albrecht wieder seiner politischen Karriere zu, überzeugte die Kurfürsten davon, dass sie mit der Wahl Adolfs von Nassau zum König einen Missgriff getan hatten, und ließ sich 1298 die Krone aufs Haupt setzen.

Anarchie im Salzkammergut

Einen Salzkrieg dieses Ausmaßes sollte es in Österreich in den folgenden Jahrhunderten nicht mehr geben, doch an Streitigkeiten aller Art mangelte es nie, und zuweilen präsentierten sie sich sogar als interne Angelegenheit der Familie Habsburg, wie jene, die 1460 ihren Ausgang nahm. Herzog Albrecht war mit seinem Bruder, Kai-

Erzherzog Albrecht geriet mit seinem Bruder Friedrich in Streit. Es ging um Salz aus dem Salzkammergut.

ser Friedrich III., in Streit geraten und scheute nicht davor zurück, sich mit Görzern, Böhmen und Ungarn zu verbünden. Für die Bewohner des Salzkammergutes war dieser Bruderzwist mehr als verwirrend: Die Hallstätter mussten mit Albrecht als ihrem Herrscher zurechtkommen und die Ausseer mit Friedrich. Letztere, mit Post aus der Residenz normalerweise nicht eben überhäuft, sahen sich auch mit einem äußerst merkwürdigen und beunruhigenden Postverkehr konfrontiert. Am Donnerstag vor Pfingsten des Jahres 1460 traf ein kaiserlicher Befehl ein:

> »Unsern getreuen Lieben, dem Richter und Rat und unserer Gemeinde zu Aussee. Heute haben Wir ein Begehren an euch mit Fleiß und Ernst, dass ihr mit den Euren zu Roß und zu Fuß, auf das Meiste und Stärkste, mit dem ihr umgeht, danach schikket und es richtet, wenn Wir euch nächstens auffordern. Dass ihr alsdann mitsamt anderen den Unseren, den Wir jetzt auch darum schreiben, auf und bereit seid zu helfen, Sachen vorzunehmen, daraus Uns und euch selbst, Land und Leuten Fried, Nutz Ehr und Gut kommen mag, und euch darin nicht säumen noch irren lasset. Wir wollen das auch gnädiglich gegen euch erkennen.«

Die vielen schönen Worte verhießen nichts Gutes: Ein Aufgebot war eingetroffen, und wenig später kam ein Befehl, der die angstvolle Verwirrung noch vermehrte.

> »Getreue Lieben, Uns ist bekannt, dass vielleicht auf den Sommer jetzt könnte ein Zuzug in Unser Fürstentum Steier geschehen und Land und Leut angegriffen werden möchten. Wir empfehlen Euch ernstlich und wollen, dass bei Unsrer Stadt Aussee, an Graben, Ringmauern, Bollwerken und anderem, das zu der Wehr gehört, nicht baufällig wär.«

Aussee war damals beim besten Willen nicht als Stadt zu bezeichnen, und an Befestigungsanlagen fehlte es erst recht. Also beschränkten sich die Ausseer darauf, ratlos die Köpfe zu schütteln und abzuwarten. Außerdem war die Steiermark kein Fürstentum mehr, sondern längst Herzogtum, doch auf derlei Spitzfindigkeiten kam es nun auch nicht mehr an. Vier Wochen später stand schon wieder ein kaiserlicher Kurier vor dem Marktrichter. Offenbar spitzte sich die Situation zu: »Uns kommen täglich mancherlei Warnungen zu, wie etliche im Willen haben, Uns und Unsere erblichen Fürstentümer mit Krieg zu überziehen und anzugreifen.« Von den konsternierten Ausseern wurde nicht mehr und nicht weniger verlangt, als sich »zu Roß und zu Fuß, mit Harnisch, Wehr oder ander Weg« in Graz zu stellen. Das Vertrauen in den Ausseer Wehrwillen schien allerdings nicht allzu groß gewesen zu sein, denn einer Mahnung folgte auch noch der Lockruf des Geldes.

> »Nicht säumig seid, noch anders tut als ihr Uns und Land und Leuten dessen pflichtig seid. Da Wir besonderes Vertrauen zu euch haben, so sind Wir auch willig, denen, die ihr schicken werdet, außerhalb des Landes für Kostgeld wöchentlich einem Reisigen zu Roß 90 Pfennig und zu Fuß 60 Pfennig guter Münz zu geben.«

Die Ausseer fühlten sich dennoch nicht zum Kriegshandwerk berufen und erhielten ein Mahnschreiben: »Befehlen wir euch ernstlich, dass ihr die Euren ohne Verziehen her zu Uns schicket.« Auf welch unfruchtbaren Boden diese Worte fielen, beweist das folgende, nun schon ziemlich unwirsche Schreiben: »Da wir euch befohlen haben, die Euren auf das stärkste, wie ihr könnt, zu Roß und zu Fuß auf St. Jörgentag bei Uns hier zu haben, das aber nicht geschehen ist, befehlen wir euch ernstlich ...«

So ging es weiter, von Mal zu Mal ungnädiger. Albrechts Verbündete verheerten Österreich, Friedrich wehrte sich mit schwindender Kraft, und im Salzkammergut kehrte Anarchie ein. Nichts funktionierte mehr in den Bergwerken und Salinen, und ungeachtet ihrer kriegslüsternen Herren sehnten sich Ausseer und Hallstätter gleichermaßen nach Frieden und Ordnung. Da kam 1463 aus Hallstatt der Vorschlag, doch im Kleinen zu versuchen, was im Großen offenbar nicht möglich war, und ganz einfach einen Separatfrieden zu schließen. Die Ausseer konnten einem solchen Gedanken nur zustimmen. Am 5. Mai trafen einander aufrechte Männer von beiden Salinen am sozusagen neutralen Koppen und Unterzeichneten eine lange Urkunde, die unter anderem die folgenden weisen Sätze enthielt: »... und wir einander gelobt haben, dass beide Salzsieden Hallstatt und Aussee mit ihren Zugehörungen in Fried bleiben und denselben Frieden bis auf den nächstkünftigen St. Michelstag treulich halten wollen, alle Arglist hintangesetzt.« Vorsichtig fügten die gewitzten Salzkammergütler aus Hallstatt noch hinzu: »Es sei denn, dass unser gnädiger Herr, Erzherzog Albrecht, den Frieden nicht halten wollte, nachdem wir denselben Frieden für uns ohne Wissen unserer Herrschaft gemacht haben.« Der Friede wurde gehalten, auch über den St. Michelstag hinaus, und am 2. Dezember 1463 beendete völlig unerwartet Gevatter Tod auch den großen Krieg: Albrecht starb ohne Erben.

Salzamtliches

Einer stolzen Stadt wie Gmunden nähert man sich nicht irgendwie. Es kann mit leichter, eleganter Noblesse geschehen, an Schloss Orth und der Villa Toscana vorbei, an Elisabeths Rosenvilla, über die Esplanade. Oder der Weg führt dort, wo dereinst schwer beladene Salzschiffe durch die geöffneten Schleusentore ihre Traunfahrt begannen, über die Brücke und weiter zum Kammerhof mit dem wuchtigen Trauntor. Hier verdichtet sich Gmundens große, auf Salz gegründete Tradition folgerichtig in der Geschichte eines ganz besonderen Amtes, des Salzamtes. Ohne Übertreibung lässt es sich sagen, dass mit der Einrichtung dieser Institution jene wahren Herrscher des Landes inthronisiert wurden, deren aktenstaubumwölkter Adel bis heute jeder republikanischen Gleichmacherei trotzt. Die beamtete Verwaltung und Beherrschung des Salzkammergutes von Gmunden aus, direkt der allerhöchsten Regierungsgewalt zugeordnet, wurde Ende des 16. Jahrhunderts etabliert. Erst seit damals waren die Führungskräfte des Salzwesens in eine umfassende, durchdachte Organisation eingebunden. Beamte hatte es natürlich auch schon vorher gegeben. Schon 1335 wird ein landesfürstlicher »Amtmann« genannt. Später bekamen die »Amtleute zu Gmunden« Kompetenzen dazu, waren Pfleger im Ischlland und dann auch in der Grafschaft Orth. Doch erst mit den tiefgreifenden Reformen, die Kaiser Maximilian I. einleitete und sein Nachfolger Ferdinand I. fortsetzte, nahm das Salzamt wirklich Gestalt am. Der Salzamtmann und seine Mitarbeiter waren für die Leitung und Inspektion des gesamten Salzwesens verantwortlich. Dazu gehörten regelmäßige Besuche in den Salzbergwerken, die Kontrolle der Salinen, die Waldbeschau, die Überprüfung der Wasserbauten und natürlich die ständige Überwachung des Salztransportes und des

Nicht von der Salzlandkarte Österreichs wegzudenken: Gmunden am Traunsee.

Handels. Macht braucht Kontrolle, daher war dem Amtmann ein Amtsgegenschreiber zugeordnet, dessen Pflicht es war, jede »unzimbliche Handlung oder Gefahr durch Einnehmen oder Ausgeben des Gelds und Salz oder in ander Wege« dem Landesfürsten »von stundan« zu melden. Dieses Prinzip, Funktionen im Salzamt mit einem ausübenden und einem kontrollierenden Organ doppelt zu besetzen, wurde konsequent durchgezogen: Jeder leitende Beamte hatte seinen Gegenschreiber.

Nicht nur die merkwürdige Tendenz aller Ämter, eine von äußeren Umständen unabhängige Wachstumsdynamik zu entwickeln, ließ die Gmundner Salzregierung rasch größer werden: Es gab wirklich jede Menge Arbeit. Für die besser organisierte und verlässlichere Versorgung der Kammergutarbeiter mit Getreide und Schmalz wurde das Amt des »Hofkastners« geschaffen, der »Medicus« mit einem funktionierenden Sanitätswesen hatte dafür zu sorgen, dass wertvolle Arbeitskraft erhalten blieb, es gab einen Forstmeister, einen Fischmeister und sogar einen Advokaten. Neben den leitenden Beamten schrieben sich Amtsschreiber die Finger wund, Salzzähler achteten sorgsam darauf, dass nichts verkam, und die Salzbereiter hatten unter anderem auch über die Grenzen des Salzkammergutes zu wachen. Auch für die heimliche Autorität jedes Amtsgebäudes, den Portier, gab es in Gmunden bereits einen Prototyp: den »Rathstürhüter«. Ganz abgesehen von einer sachbedingten Häufung neuer Ämter und Funktionen war allerdings auch schon damals ein erstes Indiz für bürokratisches Eigenleben zu bemerken: Ein »Registrator« nahm sich mit liebevoller Akribie des mächtig anschwellenden Stroms der Akten an und forderte bald gebieterisch neue, größere Räumlichkeiten für sein Imperium aus beschriebenem Papier. Die Machtverhältnisse innerhalb des Amtes waren klar geregelt: Alle Mitarbeiter waren dem Salzamtmann unterstellt und verpflichtet, ihm als »ihrer ersten Instanz Respect und Gehorsam« zu leisten. Dem konnte ihr Vorgesetzter auch mit Disziplinarmaßnahmen Nachdruck verleihen, etwa mit einem Verweis oder mit Hausarrest. Eine strengere Bestrafung blieb allerdings der Hofkammer vorbehalten. Außerdem war der Amtmann zwar oberste Instanz, doch waren ihm in wichtigen Angelegenheiten einsame Entschlüsse untersagt: In solchen Fällen trat unter seinem Vorsitz die »Rathsversammlung« zusammen. So absolut war die Herrschaft des Salzamtes über sein Kammergut, dass ihm auch eine eigene Gerichtsbarkeit über alle »Unterthanen, Grundholden und nichtadeligen Insassen« des Salzkammergutes zustand, und zwar die Ausübung des Strafrechtes »in puris cameralibus«, also in Angelegenheiten des Salzwesens. Das Gmundner Salzamt hatte auch Außenstellen: das »Hofschreiberamt« in Hallstatt, später die Verwesämter Ischl und Ebensee, und ganz zuletzt, 1825, das bislang selbstständig gebliebene Verwesamt Aussee.

Machtzentrum Gmunden

Wien mochte eine glänzende Residenzstadt sein, doch in Gmunden war das Machtzentrum habsburgischer Wirtschaftsinteressen. In Wien wurde Politik gemacht, in Gmunden wurde sie finanziert. Wer demnach im Salzamt eine leitende Position anstrebte, hatte es womöglich schwerer als einer, der sich bei Hofe mit seinem guten Namen und ein paar Intrigen hochschwindeln konnte. In Gmunden hatte nur Gewicht, was wirklich zählte, und das war in erster Linie

Geld: Von künftigen Salzamtsfunktionären wurde erwartet, dass sie eine großzügige Kaution hinterlegten und sich darüber hinaus von Zeit zu Zeit nichts sehnlicher wünschten, als den Landesfürsten mit einem zinsfreien Darlehen zu unterstützen. 1610, zum Beispiel, drängte der Einnehmer Weikhard Plaß Kaiser Rudolf II. »auf dessen gnedigstes Ansinnen und Begehren zu dessen fürgefallenen hohen Nothdurfften« eine beträchtliche Summe auf, noch im selben Jahr griff Veith Spindler tief in die Tasche, allerdings nicht, ohne untertänigst anzumerken, dass seinem Sohne die Position eines Pflegers der Herrschaft Orth nun doch sicher sein sollte. 1639 erklärten sich die Beamten gemeinsam dazu bereit, Kaiser Ferdinand III. »mit einer ergäbigen Geldhilfe ganz fürderlich beizuspringen«, da »sich Ihro Majestät Erbkönigreich Böheim in einem gefährlichen Zustand befinde«. Das Salzamt war aber auch jederzeit dazu gut, das Haus Habsburg mit dem Bau von Schiffen über Wasser zu halten. So schaukelte 1614 der Hofstaat des Kaisers Matthias auf Salzzillen donauabwärts, fünfzig Schiffe waren nötig, um 1653 Kaiser Ferdinand III. nebst Gefolge von Regensburg nach Wien zu bringen, und elf Jahre später wurden zwei große Schiffe nach Linz gebracht, um die Leiche von Erzherzog Karl zu überführen. Das Salzamt baute mehrmals für den Hof ein »Leibschöff zu den Lustgejagden«, achtzig Zillen wurden 1661 für die Errichtung von Schiffsbrücken in Ungarn benötigt, Schiffe das Salzamtes trugen dazu bei, die Türkengefahr abzuwehren, und spielten letztlich eine wichtige Rolle bei der Wiedereroberung von Belgrad.

Beamtenprivilegien und Machtkämpfe

Ein dermaßen nützliches Amt brauchte natürlich auch entsprechende Einkünfte. Ein Salzamtmann bekam eine fixe Summe baren Geldes, aufgestockt durch die Einkünfte aus den Pflegschaften Orth und Wildenstein. Aus dem Ärar standen ihm außerdem eine beträchtliche Menge Salz zu, das »Amtlfuder«, Brennholz, Getreide, die Nutzung dreier Gärten und der Wunderburg (heute steht dort an der Wunderburgstraße zwischen dem Kirchenplatz und dem

Kalvarienberg ein Turnerheim), der Felchenfang im Gosaubach, zwei Deputathirsche, drei weitere Wildstücke aus den Kammergutsforsten und andere hübsche Kleinigkeiten mehr. Auch am Verdienst der Salzfertiger hatte der Amtmann seine Anteile, und die Stadt Gmunden ließ es sich nicht nehmen, ihm anlässlich seines Amtsantrittes ein »Verehrgeld« zu überreichen. Doch auch Kirchen und Klöster als Empfänger des »Gotteszeilensalzes« zeigten sich nicht undankbar: Von ihnen waren allerlei »Regalien« zu erwarten, also Leinwand, Silberbecher, Wein, Tischmesser, Safran, Schnupftücher, Fuchsbälge, Wildbret und anderes mehr. Alle höheren Beamten erhielten außerdem jährlich »Opfergeld«, damit sie sich hochherzig zeigen konnten, wenn zu Weihnachten und Neujahr Küfer, Schiffsleute, Lehrer und andere singend um eine freundliche Geldspende einkamen. An Salz für die Tafel durfte es einem Beamten des Salzamtes natürlich auch nicht fehlen, und während der 143 Fasttage im Jahr natürlich nicht an Fischen, wobei die Auswahl damals noch beneidenswert groß war: Lachse, Saiblinge, Forellen, Äschen, Rutten, Flechte, Reinanken, Barben, Alten und Schleien. Eine offensichtlich mit Ämtern seit jeher verbundene Begabung im Aushecken von Einkünften illustriert überdies das beim Dienstantritt fällige »Anzugsgeld«. So gesehen musste auch die Vergütung von Reisespesen zum salzämtlichen Alltag gehören, natürlich gestaffelt nach der Größe des Dienstwagens. Der Salzamtmann hatte Anspruch auf »Liefergeld für drei Pferde«, der Einnehmer für deren zwei. Auch die Diäten zur Bestreitung der »Zehrung« waren nach dem Dienstgrad abgestuft, und generell galten höhere Sätze, wenn ein Beamter in »Extraordinari-Sachen« auf Befehl der Hofkammer unterwegs war. Trat ein Beamter in den Stand der Ehe, war es sein gutes Recht, auf ein schönes Hochzeitsgeschenk zu hoffen, wie zum Beispiel »ain silbern vergoldtes Trunkgeschirr«; beendete er sein Berufsleben, bekam er eine Pension oder eine einmalige Zuwendung, und verstarb er, war für die Hinterbliebenen gesorgt.

Dennoch lässt es sich denken, dass auch hieramts nicht nur

edler Sinn und holde Eintracht walteten. Kleinliche Machtkämpfe in der Hierarchie sind schließlich kein Privileg der Gegenwart. Aus dem Jahr 1632 ist eine Risszeichnung des Gmundner Salzamtes erhalten. Sie entstand, weil sich der Amtmann Georg Brugglacher und der Einnehmer Peter von John in die Haare geraten waren. Letzterer hatte zur Sicherung seiner Amtskasse seine dienstlichen Räumlichkeiten mit einer versperrbaren Tür versehen lassen. Der Amtmann ließ aber diese Tür auf kürzestem Wege demontieren, weil ein altes Servitut ihm gestattete, den Weg in die nahe Spitalskirche trockenen Fußes durch die Räume seines Amtskollegen zu nehmen. Dieser wiederum schrieb klagend an die Hofkammer, dass ihm ein solches amtmännisches Vorrecht »sehr beschwär- und ganz leidentlich ist«. Die Entscheidung der Hofkammer ist nicht überliefert.

Normalerweise bestand jedenfalls zwischen dem Landesfürsten und seinem Salzamt eine intensive, vom gegenseitigen Verständnis für die jeweiligen Bedürfnisse oder Nöte geprägte Beziehung. Man war schlichtweg aufeinander angewiesen. War in Gmunden allerhöchster Besuch angesagt, ließ sich nicht irgendeine himmelferne Majestät hernieder, sondern der Chef wollte wissen, wie die Geschäfte liefen. Natürlich wollte ihn das Salzamt bei guter Laune wissen und gestaltete den Empfang entsprechend feierlich, wie etwa 1680, als Kaiser Leopold I. mit seiner Gemahlin Eleonore Magdalena eintraf. Der verdienstvolle Gmundner Chronist Dr. Ferdinand Krackowizer berichtet:

> »Ihnen zu Ehren ließ der Salzamtmann seine ›Broiler‹ erdröhnen, die hier im Quartiere liegende Compagnie Soldaten gab Gewehrsalven ab, und der Magistrat ließ die städtischen ›Doppelhakken‹ losfeuern. Des Nachts aber wurden die Häuser der Bürger auf Geheiß desselben mit Laternen illuminirt.«

Majestäten waren nun einmal standesgemäß zu empfangen, doch eine salzige Orgie, wie sie Anton Grassalkovich in Ungarn Kaiserin

Das älteste Salzamt Österreichs heute – seit dem 14. Jahrhundert konzentrierte sich die Macht des Salzes in Gmunden.

Maria Theresia geboten hatte, wäre in Gmunden auf kopfschüttelndes Unverständnis gestoßen: Damals wurde eine Jahresproduktion der ungarischen Salzwerke für eine Schlittenfahrt zwischen Schloß Gödöllö und einem ungarischen Wallfahrtsort ausgestreut. Wie sachlich und fast schon familiär ein kaiserlicher Besuch im Salzkammergut ablaufen konnte, zeigt ein Bericht aus dem Jahr 1779:

> »Am 26. Oktober, einem Dienstag, erscheint Kaiser Joseph II., nachdem er Linz in der Frühe desselben Tages auf der geraden Poststraße verlassen und unterwegs den Traunfall besichtigt hat, gegen Mittag in Gmunden. Dort besucht er den Salzamtmann Bartolomäus Riethaller in seiner Wohnung im Kammerhof und begibt sich noch am selben Tage nach Ebensee, wo er die ärarischen Werke in Augenschein nimmt. Abends kehrt er wieder nach Gmunden zurück und steigt dort im Gasthof ›Zur goldenen Sonne‹ ab. Am andern Tag, dem 27. Oktober, arbeitet Kaiser Joseph II. schon in aller Frühe und hört anschließend die Messe. Später besichtigt er die Schleusenwerke an der Traun und das Modellkabinett des Salzoberamtes, über welches er sich lobend äußert. Außerdem unterzieht er die gesamte Salzmanipulation einer Besichtigung.«

Das erwähnte Modellkabinett war übrigens eine Sammlung verkleinerter Nachbildungen aller Anlagen des Salzwesens und ist heute leider nicht mehr auffindbar.

Die Demontage einer stolzen Institution

Der scheinbar unaufhaltsame Aufstieg und die lange Zeit unantastbare Sonderstellung des Salzamtes wurden erst in Frage gestellt, als sich das Salzkammergut nach und nach mit besseren Verkehrsverbindungen dem übrigen Österreich öffnete und seinen Charakter als eigenbrötlerischer Staat im Staate verlor. Schon unter Maria Theresia leuchtete der alte Glanz merklich matter. 1783 bestätigte Joseph II. zwar den Gmundner Salzfertigern ihre alten Rechte, unterstellte aber das Salzoberamt der neuen Landesregierung in Linz. 1790 wurde die Steuerfreistellung aufgehoben, und ein Jahr darauf verlor das Amt auch noch die Gerichtsbarkeit. In den Dreißigerjahren des 19. Jahrhunderts war es mit dem ärarischen Salztransport vorbei und an seine Stelle trat der Freihandel. Wenig später nahm die Pferdeeisenbahn ihren Betrieb auf und beendete damit auf der äußeren Traun die Zeit der Schifffahrt. 1825 war das Salzwesen dann auch nicht mehr habsburgische Privatsache: Das Regal als altes Hoheitsrecht wurde in ein modernes Staatsmonopol umgewandelt. Auf die beamtete Emsigkeit in Gmunden hatten diese Maßnahmen aber noch keinen Einfluss: 1826 verschlangen die Schreibstuben des Salzoberamtes 600 000 Bogen Papier, 16 000 Federkiele und 180 Maß Tinte. Dennoch ging die Demontage dieser stolzen Institution weiter: 1850 verlor das Salzoberamt seinen ehrwürdigen Namen und wurde in die k. k. Salinen- und Forstdirektion für Oberösterreich umgewandelt, ein Amt wie viele andere, das nur noch wirtschaftliche Belange verwaltete. Der jahrhundertealte Stand der Salzfertiger war ein Jahr zuvor aufgehoben worden.

Mit dem Bau der Eisenbahn war auch die Bedeutung Gmundens als Salzniederlage und wichtigster Markt des Salzkammergutes Vergangenheit. 1869 wurden die Salinen- und Forstdirektion Oberösterreich Gmunden aufgelöst und die lokalen Salzämter direkt dem k. k. Finanzministerium unterstellt. Ein paar bescheidene Dienststellen blieben übrig, und auch diese verschwanden 1877. Der heutige Kammerhof, das alte Mauthaus an der Brücke, teilte das Schicksal des Amtes, dessen Sitz er so lange gewesen war. 1665 war das Gebäude mit einem benachbarten Salzfertigerhaus vereint und von Grund auf umgebaut worden. Als dann 1850 die k. k. Salinen- und Forstdirektion ihr neues Amtsgebäude am Klosterplatz bekam, hatte das ehrwürdige Amtshaus seine Bestimmung verloren. Es kam in den Besitz der Stadt und fand in den folgenden hundert Jahren Verwendung als Hoteldependance, Kaltwasser-Badeanstalt, Wohnhaus und Geschäftsgebäude. Anfang der Sechzigerjahre dieses Jahrhunderts war der Kammerhof nur noch ein trauriges Abbild seiner großen Vergangenheit. Doch dann entschlossen sich die Gemeindeväter, dieses für die Identität der Stadt Gmunden unverzichtbare Bauwerk ja doch stilvoll zu renovieren und zu revitalisieren. Heute ist der Kammerhof ein Kulturzentrum mit Veranstaltungssaal und Standesamt, dem Kammerhofmuseum und der Kammerhofgalerie.

Das sprichwörtliche Wiener Salzamt

Ein Kapitel über das Gmundner Salzamt wäre jedoch ohne einen Seitenblick auf ein anderes Salzamt sträflich unvollständig, das, obgleich von weit geringerer Bedeutung, immerhin zu sprichwörtlichen Ehren gekommen ist: das Wiener Salzamt. Salz ist in der alten Residenzstadt auch fernab vom Salzkammergut ja durchaus präsent: Die Salztorgasse erinnert an das längst verschwundene älteste Stadttor, auch Richardstor genannt, weil es angeblich mit dem Lösegeld für König Richard I. Löwenherz von England finanziert wurde. Die Salzgasse war der Sitz der Salzhändler, und am Salzgries landeten die Salzfuhren, während die Schiffsleute, die Salzer, im 9. Bezirk, in der Salzergasse, wohnten.

Im 14. Bezirk gibt es sogar eine Salzwiesengasse, die sich auf einen alten Flurnamen bezieht.

Doch zurück in jene Gegend des 1. Bezirks, in der so vieles an das weiße Gold erinnert. Hier steht auch die älteste Kirche von Wien,

Das im Vergleich zu Gmunden nicht sehr bedeutende Wiener Salzamt wurde unter Kaiser Maximilian I. im alten Praghaus aus dem 13. Jahrhundert eingerichtet und amtierte bis 1824.

und sie ist, wie könnte es anders sein, dem Salzheiligen St. Rupert gewidmet. Ganz in der Nähe, am Ruprechtsplatz, stand das alte Praghaus. Im 13. Jahrhundert gebaut, gelangte es 1400 in den Besitz von Herzog Albrecht IV. von Österreich, der dann zwei Jahre später dort König Wenzel von Böhmen verwahrte, den sein Halbbruder Sigismund gefangen genommen hatte. Der König lebte recht fidel in seinem Wiener Gefängnis, hatte einen kleinen Hofstaat um sich und machte bei den Kaufleuten ringsum Schulden königlichen Ausmaßes: So kam das Praghaus zu seinem Namen. Auch in den nächsten Jahrzehnten hatte das alte Gemäuer immer wieder königlichen Besuch, unter anderem von Matthias Corvinus. Maximilian I. gab dem Gebäude dann eine neue Bestimmung als Salzamt, das auch die Verpflichtung hatte, die Ruprechtskirche instand zu halten. Salz, das von den Salzfertigern aus dem Salzkammergut über die Traun und die Donau nach Wien gebracht wurde, musste im Salzamt abgeliefert werden, wo es dann an die Detailhändler abgegeben wurde. 1824, als der Salzhandel in Wien freigegeben wurde, verlor das Wiener Salzamt seine Funktion. Das alte Praghaus stand leer, wurde dann verkauft und 1832 demoliert. Wer es also mit der sprichwörtlichen Beschwerde beim Salzamt versucht, wendet sich an eine Behörde, die es seit über hundertfünfzig Jahren nicht mehr gibt.

Salz, kreativ

Johann Georg Ramsauer mag es zu verdanken sein, dass jenes prähistorische Gräberfeld im Salzberghochtal, das einer Menschheitsepoche ihren Namen gab, einigermaßen behutsam und mit fast schon wissenschaftlicher Genauigkeit erschlossen wurde. Ein Großteil jener Skizzen und Aquarelle, die als unschätzbar wertvolle Dokumentation der Ausgrabungen erhalten geblieben sind, stammt jedoch von einem einfachen Salinenbeamten, Isidor Engl. 1832 als uneheliches Kind geboren, war er im Alter von sieben Jahren Vollwaise. Die k. k. Salinen- und Forstdirektion bewilligte seine Aufnahme in das Freysche Waisenstift in Gmunden, wo er nach der Volksschule als Stiftszögling weiter ausgebildet wurde. In Hallstatt erwarb er sich dann unter Johann Georg Ramsauer bergmännische Kenntnisse und durfte in seiner Freizeit auch an den Ausgrabungen mitwirken. Als Ramsauer die Arbeiten abschloss, wurde Isidor Engl vom Linzer Museum Francisco Carolinum, dem heutigen Oberösterreichischen Landesmuseum, und vom Wiener Naturhistorischen Museum mit weiteren Ausgrabungen beauftragt. Inzwischen hatte er auch Gelegenheit gefunden, sich in der Tradition der Salinenzeichner künstlerisch weiterzubilden. Er begnügte sich nicht damit, die Ergebnisse von Grabungen im Bild festzuhalten, sondern schuf auch Landschaftsbilder und Ortsansichten von Hallstatt, die heute von großem Wert sind. Nach seiner Pensionierung widmete sich Engel verstärkt seinen wissenschaftlichen und künstlerischen Interessen. Er wurde der erste Kustos des Hallstätter Museumsvereins und profilierte sich überdies als kenntnisreicher und verlässlicher Chronist seiner Heimat.

Ein weit über seine berufliche Tätigkeit im Salzwesen hinaus bedeutender Mann war auch Franz Ritter von Schwind, der von 1847

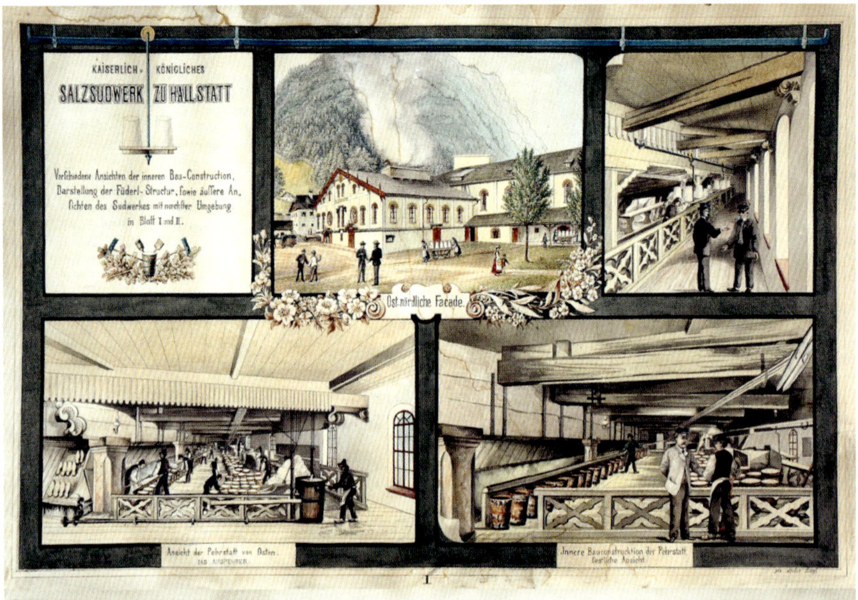

Als Salinenzeichner hielt Isidor Engl auch den Alltag in Hallstatt fest – zwei sehr eindrückliche Zeichnungen finden sich heute im Salinenarchiv in Bad Ischl.

bis 1851 der Ausseer Saline vorstand. Eine Gedenktafel am Steinberg erinnert an den »unvergeßlichen Meister im Salinenwesen«, der ein Bruder des Malers Moritz von Schwind war. Dieser kam auch hin und wieder zu Besuch und soll angeblich den Kammerhof mit einer Quellennymphe geschmückt haben. Ob sie später übertüncht wurde oder nie vorhanden war, kann keiner so recht sagen. Feststeht, dass Franz von Schwind einen Mann als Hüttenmeister beschäftigte, der ebenfalls auf einen berühmten Verwandten stolz sein konnte und selbst bemerkenswerte Talente hatte. Eduard Feuchtersieben war der Halbbruder des Arztes und Schriftstellers Ernst von Feuchtersieben. Als Nikolaus Lenau wieder einmal verhangenen Blickes und, in republikanischem Feuer lodernd, jeder »Erzherzogerei« abhold, durch Aussee streifte, bewegte ihn die anregende Gesellschaft des munteren Hüttenmeisters zu einer freundlichen Anmerkung: »Eduard Feuchtersieben war viel mit mir; ein äußerst origineller und ergötzlicher Kautz.« Bauernfeld, auch alles andere als untertänig gesinnt, gönnte ihm sogar eine differenzierte Würdigung: »Eduard Feuchtersieben ist immer spielend, witzelnd, schreibt kleine Lustspiele und ist immer verliebt, trotz seines Buckels.« Auch ein anderer Hüttenverwalter, Gustav Adolf Ritter, war von gut gelaunter Kreativität. Sein Vater war mit Erzherzog Johann durch das Tote Gebirge gestreift, der Sohn erheiterte die verwitwete Gräfin Meran mit satirischen Zeichnungen und zielsicheren Karikaturen. Franz Ritter von Schwind setzte sich hingegen ein Denkmal ernsthafter Natur, doch ein optisch nicht minder überzeugendes: Er war der Architekt jener Saline, die in den Jahren 1852 bis 1864 auf der Pernerinsel in Hallein gebaut wurde und als bedeutendes Beispiel für die Industriekultur des 19. Jahrhunderts erhalten geblieben ist.

Unter dem Datum 5. Jänner 1810 findet sich im Gästebuch des Salzbergwerkes Dürrnberg folgende Eintragung: »de Beyle, coming to france«. Damit kommt einiges zusammen, das eigentlich sehr wenig miteinander zu tun hat: Krieg und Poesie, Chemie und Liebe. 1810 war Napoleon auf dem besten Wege, Europa das Fürchten zu lehren, und seine Offiziere fanden sogar noch Zeit, sich zwischen den Schlachten als höflich interessierte Touristen zu zeigen. Henri Beyle war damals Versorgungsoffizier. In Wien hatte er Mozart-Opern gehört und ließ es sich auch nicht nehmen, jenem festlichen Te Deum beizuwohnen, mit dem die Rückkehr Franz' II. gefeiert wurde. Über Linz kam er nach Salzburg, wo er Hallein und den Dürrnberg besichtigte. Der poetische Aspekt dieser militärischen Freizeitgestaltung wird deutlich, wenn man sich das Pseudonym des Monsieur Beyle vor Augen hält: Stendhal. Balzac nannte diesen Dichter »einen außergewöhnlichen Alchimisten menschlichen Denkens« und Nietzsche hielt ihn für »das letzte große Ereignis des französischen Geistes«. Damit hätte Stendhal also die lange Liste berühmter Besucher des Salzbergwerkes Dürrnberg um einen großen Namen bereichert – aber es geschah noch mehr. In seiner kleinen Novelle »Le Rameau de Salzbourg« führt der Dichter zur Kristallisation, einem der zentralen Gedanken in seinem Hauptwerk »De l'Amour« hin:

> »Wie erklären sich meine Beobachtungen? fragte ich mich. Wo finde ich ein Gleichnis, das mir meine Gedanken klarer macht? In diesem Augenblick spielte Frau Gherardi mit dem hübschen, kristallbedeckten Zweig, den ihr eben ein Bergmann gegeben hatte.«

Eben dieser Zweig und seine wundersame Metamorphose im Bergwerk wird demnach zum zentralen Symbol in Stendhals berühmtem Essay über die Liebe und verschafft damit dem Dürrnberg und Hallein einen Platz in der Weltliteratur:

> »Wenn man in den Salzbergwerken bei Salzburg in die Tiefe eines verlassenen Schachtes einen entblätterten Zweig wirft und ihn nach einigen Monaten wieder hervorzieht, so ist er über und über mit glänzenden Kristallen bedeckt. Den ursprüng-

lichen Zweig sieht man nicht mehr. – In diesem Sinne nenne ich ›Kristallisation‹ die schöpferische Tätigkeit des Geistes, der bei jedwedem Geheimnis an der Geliebten immer wieder neue Vorzüge entdeckt.«

Wasserwege

Als Stendhal im beginnenden 19. Jahrhundert angesichts des Halleiner Salzes über das Wesen der Liebe philosophierte, standen Österreichs Bergwerke und Salinen am Anfang des Industriezeitalters. Schienenstraßen durchzogen das Land, Wasserstraßen wurden bedeutungslos. Arbeitslose Salzachschiffer aus Lauffen und Oberndorf versuchten Beschäftigung bei der Entwässerung des Ibmer Moores zu finden, an der Innbrücke von Hall hatte schon 1873 das letzte Schiff abgelegt, Traunschiffer langweilten sich in den Einkehrwirtshäusern, und es gab auch schon ein neues, grimmiges Gstanzl: »Eisenbahn, Eisenbahn, Lokomotiv / Fercht'n (voriges Jahr) hat's a Seidl trag'n / Heuer an Pfiff.«

Damit ging eine lange Epoche der Flussschifffahrt zu Ende, deren Anfänge im 9. Jahrhundert liegen. Mit dem Salzbergbau entwickelte sich rasch eine auf die jeweilige Wasserstraße spezialisierte, leistungsfähige Transportorganisation. Damals klangen allerdings auch die Gstanzln anders: »Fahrn wir auf der Traun / so brauchen wir viel Gottvertraun / so heft ma ab, in Gottsnam.« Die lange Wasserfahrt vom Hallstätter See bis zur Traunmündung in die Donau war wirklich alles andere als eine Spazierfahrt, und sie wurde überhaupt erst durch Flussbauwerke möglich, die als Klausen das Wasser aufstauten oder gefährliches Wildwasser schiffbar machten. Die Salzfertiger bereiteten die kostbare Fracht für die Flussreise vor, sie sorgten für das nötige Umladen und das »Dörren«, wenn das Salz zwischendurch feucht geworden war. »Schiffsbauer« stellten eine erstaunliche Vielfalt von Wasserfahrzeugen her: »Herrenfuderzillen«, »Mautamtszillen«, »Sechserzillen«, »Neunerzillen«, »Kobelzillen« und »Geschirrplätten«. Während der Reise behielten »Wasserseher« den ziemlich unberechenbaren Lauf der Traun und ihren Wasserstand im Auge, »Fasselstösser« besorgten das Beladen und Entladen der Boote, »Traunknechte« waren als Binnenmatrosen unterwegs.

Salztransporte auf der Traun

Mit der genialen Klause des Thomas Seeauer und dem Bau des Traunfallkanals kam der Salztransport auf der Traun erst so richtig in Schwung: Bis zu hundert Leute waren allein mit der Pflege und Instandhaltung des Wasserweges beschäftigt. Zwischen Steeg und Ebensee waren hauptsächlich Sechserzillen unterwegs, etwa dreißig Meter lang, mit sechs Mann Besatzung. 12 000 Küfel Salz trug so ein Boot, also etwa 7,2 Tonnen. In Steeg steht noch heute das alte Klauswärterhaus: Ein Relief zeigt eine »bedeckte Siebenerzille«.

Eines der großen Salzschiffe, der »Schifferzillen«, bei der Abfahrt vom Halleiner Pflegamt. Die erste Hallfahrt im Frühling wurde besonders festlich begonnen.

Steeg war zu einem wichtigen Umschlagplatz für Salz geworden. Bei Niederwasser wurden hier Küfel und Fuder gelagert; waren sie feucht, wurden sie von den Pfieselheizern nachgedörrt. Bei der folgenden Fahrt traunabwärts ging es noch immer recht spritzig und gefährlich zu. Darum war es den Traunknechten auch »bei schwerer Ahndung verboten, Frauenvolk an Bord zu nehmen, sie würden sich verplaudern und auf die vielfältigen Gefahren nicht mehr achten«. Zu all dem kam der ständige Ärger mit den Traunflößern, die für den Holztransport zuständig waren und mit ihren ungeschlachten

Fahrzeugen die Schifffahrt behinderten. Das Salzamt erließ mehrmals Verbote, nicht zuletzt, weil man das Holz nicht gerne aus dem Salzkammergut fortschwimmen sah, und die Schiffer sagten den Flößern auf ihre Art noch sehr viel deutlicher, wohin sie sich scheren sollten.

Die Salzschifffahrt überwand Stromschnellen und einen Wasserfall, doch wenn der Traunsee – selten genug – zufror, mussten Schlitten die Zillen ersetzen.

Unterwegs musste das Salz häufig umgeladen werden, und dass sich dabei ein gewisser Schwund ergeben konnte, liegt eben in der menschlichen Natur begründet. In Lauffen sind noch heute jene unterirdischen Gänge zu finden, welche die Häuser am Traunufer mit den höher gelegenen Gebäuden verbinden und die auch für dunkle Geschäfte bestens geeignet waren.

Auf dem Traunsee setzten die Zillen dann bei gutem Wind auch Segel, und wurde der Wind einmal zu stark, wenn etwa gar der gefürchtete »Viechtauer« von Südwesten hereinbrach, konnte schon auch ein Unglück geschehen, wie zum Beispiel im Jahr 1677, als in der Woche nach Ostern ein dermaßen heftiger Sturm den See aufwühlte, dass drei Salzfuhren samt Bemannung in den Fluten versanken. Normalerweise erreichten Schiffsleute und Salz aber wohlbehalten Gmunden, den zentralen Umschlagplatz. Die hiesigen

Salzfertiger verpackten die Fracht neu und schickten sie durch die Seeklause und weiter über den Traunfall. Ein Bericht aus dem Jahr 1803 beschreibt diese gefährliche Passage:

> »Unmittelbar bei dem Hauptfalle rechts fängt der sogenannte gute oder schiffbare Fallkanal an. Er ist bloß aus Holz über die Felsen hingebaut und die Schiffe fahren pfeilschnell durch denselben. Das Wasser wird mittels Aufziehen eines Falltores hineingelassen. Das Gefährlichste an dieser fürchterlichen Passage ist die Einfahrt selbst. Die Gefahr an dem ebenso kühn wie meisterhaft gebauten Fallkanal besteht nicht nur darin, dass er alle Aufmerksamkeit des Steuermannes braucht, um von dem Rand des wilden Falles schnell und sicher das Schiff in den Kanal einzulenken, dann, dass das Falltor des Kanals offen sein muss, wenn das Schiff nicht in den wilden Fall hinabstürzen und zertrümmert werden soll. Es gibt öfters auch Steine, die von der Gewalt des Wassers in den Fahrkanal hineingespült werden, sich in den Fugen festsetzen und das Schiff beschädigen.«

Traunbauern, Fallbauern, Rossbauern

Wieder in ruhigerem Fahrwasser, ging die Reise weiter nach Stadl-Paura. Dort unterhielt das Kloster Lambach einen einträglichen Umschlag- und Stapelplatz, an dem oft bis zu sechzig Salzschiffe lagen. Der Stadlschreiber tat sein Bestes, um Ordnung ins geschäftige Chaos zu bringen. Nachdem das Salz für den nunmehr seichteren Fluss auf flache Zillen verladen worden war, schaukelte es gemächlich bis zur Donau, wo dann größere Schiffe die Ladung übernehmen konnten. Hier wurden auch die »Hingeberinnen«, unbrauchbare Zillen, die über vier Jahre alt waren, als Brennholz verkauft. Jene Zillen, die noch fahrtauglich waren, wurden »betaucht«, also beladen und im »Gegenzug« zurückgebracht. Damit kam der Gmundner Wochenmarkt zu billigen Lebensmitteln für die Versorgung des Salzkammergutes. Diese an sich sehr vernünftige Einrichtung sorgte andererseits schon Anfang des 16. Jahrhunderts für – allerdings vergebliche – Proteste von Anrainern, die um ihre Fischwässer besorgt waren. Anfangs zogen Menschen die Schiffe traunaufwärts; erst im 16. Jahrhundert wurden Pferde verwendet. Traunbauern hießen jene Leute, die mit ihren Pferdezügen den Transport bis Stadl-Paura bewältigten, dann übernahmen die Fallbauern mit besonders kräftigen Pferden und geschickten Traunreitern das gefährlichste Stück Weges. Ihnen folgten in Gmunden die Roßbauern, die eigentlich nur einmal, in Lauffen, richtig ins Schwitzen kamen, wo gefährliche Stromschnellen bis 1881 mit einer Windenvorrichtung und der Hilfe des Windenmeisters bewältigt werden mussten. Bleibt noch ein

In der Blütezeit des Halleiner Salzwesens war die Salzach ein bedeutender Verkehrsweg. 1400 Pferde standen bereit, um die Schiffe stromaufwärts von Lauffen nach Hallein zu ziehen.

Gstanzl nachzutragen, in dem vermutlich die Kellnerin eines Einkehrgasthauses den Traunreitern bescheinigt, dass sie mehr konnten als saufen und fluchen: »I kann dich nit g'halten, / san d'Roßbuam dahoam, muaßt a andersmal kema, / bald s' traunreiten toan.«

Weitaus ruhiger ging es indes in Tirol, auf dem Inn, zu. Gespanne mit sechs oder zwölf Rössern zogen das Leitschiff und zwei bis drei Lastschiffe stromaufwärts. Endpunkt dieser gemächlichen

Fahrt war die alte Salinenstadt Hall. Von hier aus fuhren aber auch leichtere Schiffe und Flöße den Inn hinunter. Nicht nur Tiroler Salz trat von Hall aus die Schiffsreise an. Lebensmittel aller Art wurden befördert, daneben Baumaterial, Holz und Marmor. Es gab auch immer wieder Passagiere besonderer Art: Dr. Wilhelm Biener, als Kanzler von Tirol der einflussreichste Mann bei Hofe, durch Intrigen gestürzt und zum Tode verurteilt, bestieg in Hall das Schiff, um zu seiner Hinrichtung in Rattenberg gebracht zu werden. Kaiser Franz I. trat in Hall eine Schiffsreise nach Wien an und vertraute seinen für St. Wolfgang im Salzkammergut bestimmten Altar in der Salinenstadt einem Innschiff an. Von Braunau aus reiste das Kunstwerk dann auf dem Landwege weiter.

Die Bedeutung der Salzschiffer

Vom dereinst so berühmten Wallfahrtsort St. Wolfgang, dessen operettenhafte Gegenwart vergleichsweise nicht wirklich von Bedeutung ist, bringt uns ein kleiner Gedankensprung in eine Kirche, die nur in der Erinnerung existiert und die dennoch weltberühmt ist: In St. Nikolai, der alten Pfarrkirche von Oberndorf an der Salzach, erklang in der Christmette des Jahres 1818 zum ersten Mal das schönste aller Weihnachtslieder: »Stille Nacht.« Ganz bestimmt waren damals auch Salzschiffer unter den Gläubigen, denn das Gotteshaus war seit jeher als Kirche der Salzschiffer bekannt. In Zeiten, da die Schifffahrt noch rege war, wurden hier wöchentlich drei »Salzmessen« gelesen, um den Segen für eine glückliche Fahrt zu erlangen. Hier wurde die Nikolai-Bruderschaft errichtet, und neben der Kirche stand das unter Erzbischof Leonhard von Keutschach errichtete Schifferspital, von dem die Pfarrchronik berichtet: »Der Zweck des Spitals ist zunächst: arme und gebrechliche Glieder der Schiffergemeinde theils in Kost und Pflege zu nehmen, theils durch Geldbeträge zu unterstützen.« Noch im Jahr 1850 pflegten hier drei Barmherzige Schwestern die Pfründner und betrieben daneben eine Arbeitsschule und eine Kleinkinder-Bewahrungsanstalt. Doch schon 1852 waren das Spital und St. Nikolai recht baufällig, und große Eisenklammern mussten Turm und Kirchenschiff zusammenhalten. Anfang des 20. Jahrhunderts glaubte man dann auf das bescheidene Gotteshaus der Salzschiffer und auf den Schauplatz eines leisen Wunders verzichten zu können und machte sie dem Erdboden gleich. Wenig später erfolgte der Abbruch des ehrwürdigen Heiliggeist-Spitals.

Damals hatte auch die Salzach als bedeutende Wasserstraße bereits viele Jahrzehnte ausgedient. Schon Mitte des 19. Jahrhunderts hatte eine große Teuerung den dereinst so stolzen Stand der Schiffer verarmen lassen. In Franz Anthalers Chronik der Pfarre St. Nikolai ist darüber nachzulesen:

> »Die Schiffer sind in der Regel ein religiöser, guthmütiger und schöner Menschenschlag, diensteifrig und zu thätiger Hilfe bei Unglücksfällen bereit, nicht selten mit Nichtbeachtung jeder Gefahr. Ihre Schattenseiten sind: Hang zur Trunkenheit und Mangel an häuslicher Ökonomie. Manche sind auch bei großem Stolze ohne Schulbildung und werden gerne vorlaut. Seit Jahren sind fast sämtliche Schiffer in ihrem Wohlstände bedeutend zurückgekommen. Im vorigen Jahrhundert besaßen noch mehrere derselben kleine Bauerngüter in der Umgebung Lauffens, jetzt kann sich auch nicht ein einziger mehr eines solchen Besitzes rühmen. Während des letzten Winters (1854) sind viele Familien bei der anhaltenden Theuerung in Schulden geraten und haben versetzt und verkauft, was nur möglich war. Die Männer leiden zwar in der Regel keine Noth, aber desto ärmer müssen nicht selten Weib und Kinder leben. Während der Mann im Wirtshaus zugeht, hat manche Familie nur eine Klostersuppe.«

Ein Gstanzl formuliert die leidige Situation noch pointierter: »Dirndl heirat koan Schöffmann, / Du heiratst in Not! / Hast im Summa koan Mann / und im Winter koan Brot.«

Auch der Entschluss, die Mitgliederzahl der Schiffergarde rigoros zu begrenzen, brachte kaum Besserung. Blieb also nur noch, auf die Segnungen des technischen Fortschritts zu hoffen: Nachdem vergeblich versucht worden war, von der Donaudampfschifffahrtsgesellschaft ein kleines Schiff zu bekommen, wurde der Bau des 50 PS starken Dampfers »St. Rupertus« in Auftrag gegeben. Doch der ehrwürdige Salzpatron versagte dem rußenden Ungeheuer seinen Segen: In Braunau platzte ein Kessel, und dann stieß das Schiff auch noch gegen die Lände. Während ringsum bedrohliche Bahnprojekte bekannt wurden, erwies sich die Dampfschifffahrt auf der Salzach als Kette von Katastrophen. 1861 wurde die »St. Rupertus« nach Russland verkauft. Nur fünf Jahre später fand der letzte königlich-bayerische Salztransport von Rif nach Passau statt, und 1871 löste die neue Eisenbahn die Salzach als Verkehrsweg ab.

Als noch die Salzburger Fürsterzbischöfe das Salzwesen regierten, hatte es freilich ein anderes Leben auf dem Fluss gegeben: achtundsiebzig fast immer problemlos schiffbare Kilometer zwischen Hallein und Donau. Gut zwei Drittel des exportierten Salzes nahmen den Wasserweg. Die auf Stoßstätten zerbrochenen Fuder wurden in Fässer, die weithin bekannten Halleiner Kufen, verpackt und dann auf Schiffe aus der Stadt Lauffen verladen: Sie gehörten dem Erzbischof, die Schiffbauer standen in seinem Sold, und die Schifffahrt betrieben Lauffener Familien als erzbischöfliches Erblehen. Die Boote waren nicht eben klein: Ein zehn Meter langer »Hallasch« trug an die fünfzehn Tonnen Salz und brauchte für die Fahrt von Hallein nach Lauffen und zurück kaum mehr als zwei Tage. Ende des 16. Jahrhunderts, als das Salzgeschäft besonders prächtig lief, gab es pro Jahr über 3 000 Fahrten, und für den Gegenzug standen 1 400 Pferde bereit. In der erzbischöflichen Stadt Lauffen zwangen Stromschnellen zum Umladen. Von dort aus wurde das Salz vor allem weiter auf der Salzach nach Burghausen und dann auf dem Inn nach Passau verschifft. Von Burghausen kam das Salz auf dem Landweg nach Regensburg und stellte sich sogar in der bayerischen Hauptstadt

Auf dem Hallstätter See brachte die Dampfschifffahrt neuen Schwung in den Salztransport. Versuche, mit Dampfschiffen die Salzach zu befahren, endeten kläglich.

München der Reichenhaller Konkurrenz. In der alten Bischofsstadt Passau hatten die Salzburger Kirchenfürsten einen hervorragenden Marktplatz für den internationalen Handel. Solange es die Habsburger zuließen, schickten sie das Salz die Donau abwärts und dann über den berühmten Goldenen Steig nach Böhmen. Auch diese wichtige Handelsstraße durch das Mühlviertel über Freistadt nach Krumau und Budweis war noch Anfang des 16. Jahrhunderts fest in Salzburger Hand. Von Budweis aus gelangte Salz aus Hallein auf der Moldau bis nach Prag. In Linz, Stein und Korneuburg machte sich allerdings immer spürbarer das Bestreben der österreichischen Landesherren bemerkbar, im eigenen Land ein Monopol zu etablieren.

Bleibt ein trübes Kapitel Salzachschifffahrt nachzutragen, in dem sich Ereignisse widerspiegeln, die nicht nur in Salzburg eine schmerzliche Zäsur in der Geschichte des Salzwesens darstellen: Mit der Reformation kam eine für katholische Machthaber bedenkliche Unruhe ins Land, die hauptsächlich von Knappen und Salinenarbeitern getragen wurde. In Österreich zeigte sich Maximilian II. dem neuen Bekenntnis einigermaßen geneigt, nicht zuletzt, weil er sich damit neue Geldquellen erschließen wollte, doch schon sein

Nachfolger Rudolf II. entschloss sich im Sog der Gegenreformation zur Kehrtwendung. Die vielen Jahrzehnte der Unterdrückung und Verfolgung der Protestanten zwangen nicht nur Tausende wertvolle Facharbeiter und Führungskräfte zur Auswanderung, sondern rissen auch zwischen den Leuten, die im Salzkammergut blieben, tiefe Gräben auf.

In Salzburg wurde die Situation der Protestanten mit dem Regierungsantritt des Erzbischofs Leopold Anton Freiherr von Firmian unerträglich. Nachdem er seine Untertanen, die einfach nicht glauben wollten, was sie nach seinem Willen zu glauben hatten, auch mit einer Reihe übelster Schikanen und mit konsequenter Unterdrückung nicht zum Umdenken bewegen konnte, entschloss er sich kurzerhand, sie aus dem Land zu werfen. 1731 erließ er das Emigrationspatent. Auch die Lutheraner unter den Dürrnberger Knappen sahen sich zum Handeln gezwungen und erkundigten sich in Regensburg, wo auch die Niederlande im Immerwährenden Reichstag vertreten waren, nach freiem Siedlungsraum. So gut es ging, versuchten sie ihre ungewisse Zukunft zu planen. Schließlich tat eine Abordnung von Knappen in Salzburg den Willen zur Auswanderung kund. Eine Religionskommission fand trotz peinlicher Befragung kaum Bergleute, die wenigstens einigermaßen als Katholiken hätten gelten können. Also sah sich der Pfleger von Hallein seiner Facharbeiter beraubt und musste nehmen, wen auch immer er bekommen konnte. 780 Dürrnberger traten hingegen am 30. November 1732 ihre große Reise an. Noch heute steht in der Nähe des Salzbergbaus am Obersteinberg an der alten Dürrnbergstraße jene »Lutherische Kapelle«, an der sich die Knappen versammelten, bevor sie im Tal zu den Pfannhausern stießen. In Hallein bestiegen sie Schiffe, die sie die Salzach und den Inn hinunter zur Donau, nach Passau, trugen und dann weiter bis Vilshofen, wo sie starker Eingang dazu zwang, zu Fuß nach Regensburg zu ziehen. Nach Weihnachten ging die beschwerliche Reise weiter durch Deutschland. Einige Auswanderer resignierten schon früh und blieben in Nürnberg, viele siedelten sich in Preußen an, einige wagten die stürmische Überfahrt zur holländischen Insel Cadsand und eine Gruppe kam gar nach Georgia in den Vereinigten Staaten, wo noch die Stadt Ebenezer an Knappen aus Salzburg erinnert. Wo auch immer die Reise endete: Kaum einer der hoffnungsvoll geschmiedeten Pläne konnte vollendet werden. Das Schicksal der Siedler aus Dürrnberg verliert sich grau und elend in einer Fremde, die nie zur neuen Heimat wurde.

Handel und Wandel

Freie Kaufleute haben Freistadt um 1200 gegründet: eine würdige, wehrhafte, geordnete Stadt im Mühlviertel, plangetreu um den Hauptplatz gruppiert. Seit jeher war Freistadt Grenzfestung gegen Böhmen, aber auch eine privilegierte Handelsstadt, die es sich leisten konnte, den Segen des Himmels mit fast schon anmaßend großer Gebärde zu erbitten: Katharinen-Münster wird die Freistädter Pfarrkirche, die einzige fünfschiffige Basilika Österreichs, wegen ihrer gewaltigen Dimensionen auch genannt. Einer der ältesten und heute noch bedeutenden Hauptverkehrswege ist die Salzgasse, wo auch der Salzhof zu finden ist: Hier stand die alte Burg der Stadt, und aus den Mauern des ehemaligen Zwingers ragt noch heute der Stumpf des Westturmes.

Der jahrhundertealte Salzsteig von Mauthausen an der Donau nach Budweis führte über Freistadt als wichtigste Legstätte. Hier hielten die mächtigen Sechsergespanne, schwer beladen mit Gmundner Salz, und Freistadt war natürlich auch für den späteren Betrieb der Pferdeeisenbahn von großer Bedeutung. Heute folgt eine moderne Hochleistungsstraße dem alten Handelsweg, und sogar sie hat ihre Ursprünge in einer Initiative des Salzamtes: Mitte des 18. Jahrhunderts war diese Verkehrsverbindung nach Böhmen in einem erbärmlich schlechten Zustand, und die für den Straßenbau zuständigen Wiener Zentralstellen verhielten sich, wie sie es vielfach heute noch tun, nämlich abwartend. Das Salzamt in Gmunden sah hingegen das Geschäft mit Böhmen bedroht, griff entschlossen in die damals noch wohlgefüllte Kasse und ließ die Straße großzügig ausbauen. Die Gründe dafür waren schwerwiegend: Das Königreich Böhmen und auch Mähren verfügten über keine eigenen Salzvorkommen und waren daher seit Jahrhunderten ein heftig

Der Salzhandel brachte im Gegenzug dringend benötigte Lebensmittel, vorwiegend Getreide, ins Salzkammergut. Eine der Lagerstätten war der längst verschwundene Hofkasten in Aussee.

umkämpfter Markt, auf dem die Handelsmacht der Salzburger Fürsterzbischöfe gegen die Versuche der Habsburger prallte, ein Monopol zu schaffen, und beide Salzlieferanten dabei auch noch unter dem Druck weiterer Konkurrenten standen. Während das Gmundner Salz hauptsächlich über Freistadt, aber auch von Krems und Wien aus nach Böhmen gelangte, nahm das Salz aus Hallein den Landweg von Passau aus über den Böhmischen Wald in die Stadt Prachatitz, von der aus ganz Westböhmen versorgt werden konnte. Vom Mittelalter bis in das 16. Jahrhundert war dieser »Goldene Steig« der weitaus einträglichste Handelsweg nach Böhmen.

Doch seit jeher sahen die Habsburger Gewinne aus dem Salzhandel in Böhmen, die nicht in ihre Taschen flössen, mit äußerstem Missvergnügen. Schon König Ferdinand I. hatte in der ersten Hälfte des 16. Jahrhunderts versucht, ein Monopol durchzusetzen, und das Gmundner Salzamt wie auch die Salzkommission der Hofkammer schickten eine eindrucksvolle Fülle bedeutsamer Schriftstücke an die Böhmische Kammer und das Salzamt in Budweis. Der Erfolg dieser papierenen Offensive hielt sich in Grenzen: Nach wie vor kam

Salz aus Bayern und Hallein über den Goldenen Steig. In Budweis machten diese Lieferungen Ende des 16. Jahrhunderts noch immer ein Viertel der Gesamtmenge aus. Erst Rudolf II. konnte Anfang des 17. Jahrhunderts im historischen Salzmarketing wirklich punkten: Ihm gelang es, die Stadt Prachatitz zu erwerben. Als Grundherr hatte er nun die Möglichkeit, mit schamlos hohen Zöllen das Passauer Salz zu verteuern und damit zurückzudrängen. Außerdem waren die Habsburger bemüht, bessere Transportbedingungen zu schaffen: Im 16. Jahrhundert investierte die Hofkammer vor allem in die Schiffbarmachung der mittleren Moldau; im 18. Jahrhundert kam die Pferdeeisenbahn dazu. So beschaulich sie auch durchs Land zog, so eindrucksvoll war ihre Kapazität: Ein Schienenfuhrwerk konnte im Vergleich zu einem Gespann auf der Straße die zehnfache Salzmenge transportieren.

Aber auch in Mähren konnte sich Salz aus Gmunden, das über Freistadt oder Krems und Zlabings angeliefert wurde, recht gut behaupten und machte der polnischen Konkurrenz das Leben schwer. In Schlesien beherrschten allerdings die Polen hartnäckig den Markt. Erst als sie von den Habsburgern im eigenen Land bedrängt wurden, wendete sich das Blatt: Ende des 17. Jahrhunderts nahm Kaiser Leopold I. einen Teil der polnischen Bergwerke Wieliczka in Pfand, und von da an lieferte die Wiener Hofkammer polnisches Salz an Schlesien. 1628 gelang in Böhmen die Einführung des Monopols. Für die Bevölkerung bedeutete das kräftig überhöhte Salzpreise, auf die es nur eine befriedigende Antwort gab: Schmuggel, gegen den auch ärarische »Salzüberreiter« nur wenig ausrichten konnten. Dennoch liefen die Geschäfte prächtig und blieben bis in das beginnende 20. Jahrhundert eine bedeutende Einnahmequelle für die Donaumonarchie.

Meersalz contra Pfannensalz

Am südlichen Rand des Habsburgerreiches spielte sich ein Konkurrenzkampf ganz anderer Art ab: Meersalz gegen Pfannensalz. Die Produktion von Meersalz ist witterungsabhängig und mit groß-

Noch heute wird Natursalz im Altausseer Bergwerk auch händisch abgebaut.

flächigen Salzgärten der Landwirtschaft verwandt; Steinsalz wird bergmännisch abgebaut und erfordert einen hohen Energieaufwand.

Wenn sich keine billige Transportmöglichkeit auf dem Wasserweg ergab, und das ist zwischen Norden und Süden die Regel, bestimmten letztlich die relativ hohen Transportkosten der Säumer den Preis. Ganz abgesehen von den Bemühungen der Salzproduzenten, ihre Absatzmärkte auszuweiten, ergab sich eine Grenze, an der sich für Meersalz oder für Steinsalz ein Weitertransport nicht mehr lohnte. Weil diese Grenze aber auf Politik und Wirtschaftspolitik keine Rücksicht nahm, gestaltete sich ein an sich plausibler Ausgleich zwischen zwei Konkurrenzprodukten ziemlich kompliziert. Im 13. Jahrhundert hatten die Habsburger ihre landesfürstliche Macht in der Steiermark gefestigt, seit 1335 herrschten sie auch über Kärnten und Krain, und 1382 erreichte ihr Territorium mit Triest die Meeresküste. Dort wurde zwar Meersalz gewonnen, doch am Erlös waren die Habsburger nur indirekt über Abgaben beteiligt. Außerdem waren die längst etablierten Venezianer auf ihren angestammten Märkten nicht zu schlagen. Es konnte also nur darum gehen, das Absatzgebiet für das Ausseer Steinsalz wenigstens ein Stück nach Süden auszuweiten. Konkret hieß das 1390 für Herzog

Albrecht bis zum Loiblpass und bis Eisenkappel und – in der Steiermark – bis Slowenska Bistrica. Dennoch gab es Meersalzimporte ins Habsburgerreich: ins Kärntner Rosental, über die Drau nach Klagenfurt, in das Gebiet um Völkermarkt und ins Steirische, bis Pettau. Doch immer wieder versuchten die alpinen Salzherren, ihre Umsatzgrenze weiter nach Süden zu schieben und sie auch mit Geldstrafen durchzusetzen: Ein recht halbherziges Unterfangen, denn die Strafen waren niedrig, und oft gab es sogar eine Korrektur der Erweiterung, weil störrische Untertanen auf hohe Salzpreise einfach mit Abgabenverweigerung reagierten. Auch die Beziehung zwischen den Salzherren aus Triest und Venedig war mehr als gespannt. Meist ging es um die »Cranci«, Säumer aus Krain, die auch in den Salzhandel einstiegen, freien Zugang zum venezianischen Köper hatten und damit Triest ins Geschäft pfuschten. 1463 kam es sogar zu einem lokalen Krieg, in dem Venedig für fast fünf Jahrzehnte mit weiten Bereichen des Triester Hinterlandes auch die wichtigsten Salzhandelswege unter seine Kontrolle brachte. Das Haus Habsburg seinerseits war zwar wenig erfolgreich in seinem Bemühen, auch den Triestiner Salzhandel zum Monopol zu machen, aber um so talentierter als Preistreiber: Um das immer wieder verteuerte Ausseer Salz konkurrenzfähig zu halten, wurden Meersalz oder Salz aus Hallein mit beträchtlichen Abgaben belastet. Dieser Aufschlag wurde häufig verpachtet und dann oft auch noch durch die sogenannten »Überreiter« mit zweifelhaften Methoden eingetrieben. Unter diesen Inkassanten im Dienste von Triest gab es sehr zum Ärger der Säumer geächtete und rechtlose Leute, die allzurasch mit der Waffe zur Hand waren. Den Säumern blieb also nichts anderes übrig, als sich ebenfalls zu bewaffnen und in großen, bis zu hundert Mann starken Gruppen zu reisen. Als der Landesfürst 1609 auch noch den Salzgroßhandel an einen Bürger von Triest verpachtete, brach offene Gewalt aus: Überreiter machten Saumzüge nieder, Säumer töteten Überreiter. Ein Jahr später wurde das Pachtverhältnis beendet, der mörderische Spuk war vorbei, doch der Unfrieden blieb. Die Krainer hatten mit dem Meersalzhandel eine starke wirtschaftliche Stellung erlangt, und sie wehrten sich wütend gegen jeden Versuch, daran etwas zu ändern. 1638 resignierte Ferdinand, gab die Versuche auf, ein Großhandelsmonopol einzuführen und zu verpachten: Für die Krainer Säumer wurde der Salzverkehr freigegeben. Die Versuche, aus dem Salzhandel im Süden Österreichs mit viel Einfallsreichtum mehr Gewinn herauszuschlagen, waren damit allerdings nicht beendet.

Eine zwischenstaatliche Vermengung seit dem 13. Jahrhundert

Salz schrieb eben seit jeher auf eine ganz besondere Art österreichische Geschichte. Am spannendsten wird es natürlich dort, wo mächtige Konkurrenten nicht nur auf gemeinsamen Märkten aufeinanderprallen, sondern sich auch noch ihre Bergwerke und Salinen in unmittelbarer Nachbarschaft befinden: Es geht um Hallein, Reichenhall und Berchtesgaden.

Die Geschichte einer merkwürdigen und bis zum heutigen Tag komplizierten Verflechtung beginnt, wie das bei einem Thema wie Salz durchaus üblich ist, im 13. Jahrhundert, und darüber, ob sie in Salzburg oder in Bayern ihren Anfang nimmt, lässt sich streiten. Schon lange vorher kämpften jedenfalls Salzburger Bischöfe und bayerische Herzoge um die Siedeberechtigung in der Saline von Reichenhall, an der Salzburg beträchtliche Anteile hatte, während Bayern sich über den Besitz des waldreichen Pinzgaus freuen konnte. Anfang des 13. Jahrhunderts wurden die Fehden dann beigelegt: Reichenhall gehörte fortan den Bayern, wenn auch die Salzburger ihre Anteile behielten, und der Pinzgau kam an Salzburg, obgleich die Bayern weiterhin ihre Saalwälder nutzen durften.

Ein zweiter Aspekt dieser früh begonnenen zwischenstaatlichen Vermengung betrifft die Knappen aus Dürrnberg und Berchtesgaden. Erst in jüngster Zeit verändert die Technik das Berufsbild der Bergleute radikal, doch durch Jahrhunderte gingen Veränderungen sehr langsam vor sich, und die Übergänge waren fließend. So ist die Organisation im Salzbau, wie sie in einer Urkunde aus dem 13. Jahrhundert dargestellt wird, auch heute durchaus nachvollziehbar. Es gab drei Arbeitsbereiche, nämlich Eisenwerke, Rüstwerke und Sauberwerke. Im Rahmen der Eisenwerke trieben Knappen die Stollen mit – eisernen – Pickeln vor, teuften Schächte ab und legten Hohlräume für Laugwerke an. Die Knappen der Rüstwerke stützten die Stollen ab und sicherten sie. Bei den Sauberwerken ging es dann eben um das Säubern, das Wegschaffen von Laist und um Ausbesserungsarbeiten im Stollen.

Knappen beim Abbau im Bergwerk: eine mühevolle, streng geregelte und bis heute nachvollziehbare Arbeitsorganisation.

Zusätzlich zum Akkordlohn, dem Geding, gab es noch eine »Unschlittgerechtigkeit«, den kostenlosen Bezug von ungefähr acht Kilogramm Talg im Jahr, mit dem die Grubenlampe betrieben wurde. Die Arbeiten wurden als »Bergstücke« an Knappen übergeben, waren erblich und konnten auf andere Besitzer übertragen werden. Nur wenn ein Knappe ein schweres Verbrechen verübte, konnte ihm sein Recht auf Arbeit entzogen werden. Diese durchaus kluge Regelung sollte Facharbeiter an den Bergbau binden und ihr durch Generationen gewachsenes Erfahrungswissen erhalten. Dafür wurde ein zwar kärgliches, doch sicheres Auskommen geboten.

Doch jedes Recht verführt auch zum Missbrauch. Als Vorgänger heutiger Ämterkumulierer häuften Bergmeister Arbeitsrechte an, um sie gewinnbringend zu delegieren. Ihrem schlechten Beispiel folgten Knappen, die es sich leisten konnten, minderbezahlte Hilfskräfte für sich arbeiten zu lassen, und ärmere Bergleute nützten die verbriefte Sicherheit eben dazu, zwischendurch einmal Familienangehörige in den Berg zu schicken, um die Hände für einen kleinen Zusatzverdienst frei zu haben. Dieser lockere Umgang mit der Arbeit im Berg wirkte sich natürlich auf ihre Qualität und Effizienz aus, und das machte sich letztlich in der Kasse des Fürsterzbischofs bemerkbar. Wolf Dietrich von Raitenau fuhr mit dem eisernen Besen dazwischen, wie es auch anderswo seine Art war: Erst nahm er seine säumigen Mitarbeiter mit einer neuen Bergordnung in die Pflicht. Fortan hatten sie folgendes Gelöbnis abzulegen:

> »Ich (Name) schwör dem Hochwürdigsten Fürsten und Herrn, Herrn Wolf Dietrichen, Erzbischoven zu Salzpurg, Legaten des Stuhls zu Rom etc. etc. treu, gehorsam und gewertig zu sein und gelobe, maine ererbte Bergarbeit mit aigenem Ruggen zu verrichten, nicht mehr als eine zu besitzen und, was einem treuen Arbeiter wohl ansteht, Gehorsam zu leisten; ferner mich aller fremden Herren Dienste zu entschlagen, und zu helfen, allen Schaden abzuwenden, sowahr mir Gott helfe und alle seyne Heiligen.«

Das Gelöbnis tat seine Wirkung, ungelernte Hilfskräfte verschwanden aus dem Berg, und überzählige Erbgerechtigkeiten wurden verkauft. Dennoch argwöhnte Wolf Dietrich nicht ganz unbegründet, dass Knappen, die stets fürchten mussten, ihre Arbeit zu verlieren, noch eher dazu bereit waren, Höchstleistungen zu erbringen. Kurzerhand löste er alle Erbarbeiten ab. Davon waren aber auch Knappen betroffen, die nicht seiner Regierung unterstanden, sondern der Fürstpropstei Berchtesgaden, die gemeinsam mit ihren Untertanen Protest einlegte. Wolf Dietrich ließ kühl wissen, dass er nur ein Gnadenrecht widerrufen habe. Immerhin traten Verträge an die Stelle der alten Erbberechtigungen, die Knappen hofften auf die Kraft der Tradition, und sie taten es nicht vergeblich: Schon wenige Jahre danach lebte das alte Recht in den »Lehensschichten« wieder auf, die den früheren Bergrechten entsprechend vergeben wurden. Später knüpfte man dieses Recht an eine Anzahl kleiner Güter, die Knappen in Salzburg oder Berchtesgaden besaßen. Soviel zur bayerisch-salzburgischen Vermengung Nummer zwei.

Die Österreichisch-Bayersiche Salinenkonvention

Der dritte Aspekt betrifft den Salzbergbau im Dürrnberg, einen Grenzfall, wie er im Buche steht: Ungefähr siebzig Prozent der Salzlagerstätte liegen heute in bayerischem Gebiet. Unter Tage, in den Stollen zwischen Salzburg und Berchtesgaden, war also ein Europa ohne Grenzen schon lange Wirklichkeit geworden, und dem entsprach ja auch der Umstand, dass Knappen von hüben und drüben im Bergwerk ganz selbstverständlich zusammenarbeiteten. Es blieb Herrn Napoleon Vorbehalten, die Verirrung komplett zu machen: Er scheuchte Fürsterzbischof Hieronymus Colloredo aus seiner Residenz, und Salzburg wurde erst einmal zu einem Kurfürstentum unter Erzherzog Ferdinand, dem Großherzog von Toscana. Drei Jahre später kam Salzburg an Österreich, und Kaiser Franz fügte seinen zahlreichen Titeln dem des Herzogs von Salzburg hinzu. Nach weiteren drei Jahren musste sich Salzburg eine französisch-bayerische Besetzung gefallen lassen und kam wenig später an Bayern. Sechs Jahre darauf, 1816, endete dann Napoleons Weg zur Macht in der Verbannung, und Salzburg wurde wieder österreichisch. Die Fürstpropstei Berchtesgaden gehörte hingegen zu Bayern. Es war also kein Stein auf dem anderen geblieben, nur für die Knappen von Dürrnberg blieb die tradierte Arbeitswelt mit ihren uralten Rechten bestimmend und die Reformen Wolf Dietrichs waren längst zur Episode verblasst. 1829 wurde dann das Kunststück gewagt, das in Jahrhunderten gewachsene bergmännische Beziehungsgeflecht zwischen Österreich und Bayern vertraglich zu regeln. Das Ergebnis dieses Unterfangens ist einer der ältesten Staatsverträge, die bis heute gelten: die Österreichisch-Bayerische Salinenkonvention.

Darin wurden die Ansprüche der bayerischen Knappen auf ihre erblichen Lehensschichten im Bergbau Dürrnberg anerkannt und definiert, Bayern seinerseits überließ den Salzstock in einem Bereich von etwa drei Quadratkilometern auf ewige Zeit den Öster-

Einer der ältesten, bis heute gültigen Staatsverträge: die Österreichisch-Bayerische Salinenkonvention.

reichern. Österreich war es gestattet, aus den in Bayern liegenden »Acht Forstwäldern« 630 Festmeter Holz zu gewinnen und außerdem die Quellen im Berchtesgadener Gaistal für die Bewässerung der Sinkwerke zu nutzen. Andererseits bekamen die Bayern mit Ausnahme des Glemmtales und des Urslautales ihre Saalwälder im Pinzgau zurück. Dieser Staatsvertrag zwischen zwei Ländern, die als Salzproduzenten in Konkurrenz zueinander standen, erwies sich als erstaunlich praktikabel und haltbar. Erst nach knapp 130 Jahren, 1957, war eine Neufassung fällig, die übrigens am gleichen Tag, dem 25. März, unterfertigt wurde wie jene römischen Verträge, mit denen die Europäische Wirtschaftsgemeinschaft entstand. Bayern überließ

Österreich einen weiteren Bereich im Salzberg zur Nutzung, allerdings mit einer aus heutiger Sicht bedenklichen Einschränkung: Das Erweiterungsfeld ist an Bayern zurückzugeben, wenn der Bergbau im Dürrnberg über mehr als fünf Jahre eingestellt wird – und das ist ja schon geraume Zeit der Fall. Die übrigen Änderungen waren eher bürokratischer Natur: Österreich verpflichtete sich, im bayerischen Teil des Bergwerkes das bayerische Berggesetz einzuhalten, und in den bayerischen Saalforsten gelten österreichische Jagd- und Forstgesetze. Unverändert blieben die erblichen Lehensschichten der Berchtesgadener Knappen.

Diese Salinenkonvention ist bis heute gültig geblieben, und weil nicht alle Arbeitsberechtigungen in Anspruch genommen werden, lässt sich auch in einem Bergwerk, das zum Schaubergwerk geworden ist, der Vertrag erfüllen. Auch das Deputat von 56 kg Salz pro Jahr besteht noch immer. Nur die uralte Unschlittgerechtigkeit aus dem 13. Jahrhundert wurde 1860 abgeändert und orientierte sich nunmehr an der Arbeitsschicht. 1911 folgte dann das Bezugsrecht auf Karbid. Auch unter Tage ändern sich die Dinge, doch eben nicht so beunruhigend schnell wie anderswo.

Als auch in Aussee der Fremdenverkehr keinen Stein auf dem anderen ließ, hielt das alte Rastl-Dörrhaus noch Jahrzehnte stand. Erst 1956 musste das schöne Haus dem unbestritten hässlichen Neubau der Post weichen.

Salinen, Majestäten und Kurhäuser

In Bad Ischl gibt es ein traditionsreiches Stehbeisl, eine Art öffentliches Wohnzimmer, das zu netten Leuten passt, gleich welchen Alters, welcher Haartracht und welchen Standes, zu Schulkindern und Polizisten, Direktoren und Lebenskünstlern, Urviechern und Seminarteilnehmern. Wer es sich an diesem unheiligen Ort gut gehen lässt, tut das in der Saline. Dort, wo sich heute in Bad Aussee im Kurpark ein Erzherzog Johann aus Bronzeguss langweilt und ein wenig indigniert zum Kurhaus hinüberschaut, das noch so gar keine Patina hat, dampften bis in die erste Hälfte dieses Jahrhunderts die Pfannen des Kaiser-Ferdinands-Salzsudwerkes. Das Ausseer Postamt residierte von 1883 an viele Jahrzehnte unter dem wuchtigen Satteldach des alten Rastl-Dörrhauses.

Erst 1956 ersetzte man das letzte Denkmal alter Salinenherrlichkeit im Ortszentrum durch einen anerkannt hässlichen Neubau. Dennoch ist aus dem Salzkammergut nur da und dort ein Betonkammergut geworden, und das Salz prägt noch immer diese ganz besondere Kulturlandschaft, wenn auch nicht mehr so vordergründig. Als das Zeitalter der Industrie, vom feudalen Trägheitsmoment nicht wirklich wirksam gebremst, anhub, die Welt auch in Österreich neu zu erfinden, bekam es ausgerechnet eine der ältesten und mächtigsten Industrien im Lande mit Identitätsproblemen zu tun. Das Salzkammergut, als Staat im Staate, als autarker Wirtschaftskörper im Privatbesitz der Habsburger, geriet nach und nach zum Anachronismus. Schon unter Maria Theresia hatte die Allmacht des Salzamtes in Gmunden erste Sprünge bekommen und am Ende einer unausbleiblichen Entwicklung brachte das Revolutionsjahr 1848 die Abschaffung herrschaftlicher Rechte und Untertänigkeitsverhältnisse. Gleichzeitig stellte sich heraus, dass Salz offenbar nicht der einzige

Reichtum dieses Lebensraumes war, der nunmehr als Landschaft entdeckt und erobert wurde. Die Habsburger hatten es ja seit jeher verstanden, ihr Kammergut so nebenbei auch als Lust- und Jagdrevier zu gebrauchen. Als dann aus einem feudalen Schatzkästlein fast schon ein Wirtschaftsraum wie andere auch geworden war, bekamen die Reisen der Habsburger nach Gmunden und weiter einen zunehmend vergnüglichen Charakter. 1826, zum Beispiel, als Kaiser Franz I. mit seiner vierten Gemahlin, Carolina Augusta, in Gmunden weilte, tat er es hauptsächlich, um sich mit seinen Gästen, König Ludwig I. von Bayern und dessen Gemahlin Therese, der schönen Landschaft zu erfreuen. Ferdinand Krackowizer berichtet:

> »Die Fahrt nach Ort, Traunkirchen und Ebensee, abwechselnd zu Wasser und zu Lande, war Quelle vielen Vergnügens; die goldene Sonne spiegelte sich in der reinen Flut und ruhig ragte der Traunstein in den reinen Äther empor.«

So nebenbei wurde der Monarch auch in Sachen Salz tätig. 1825 war der Salztransport auf der Traun an auswärtige Unternehmer verpachtet worden. Damit wurden die Gmundner Schiffsleute aus dem ärarischen Dienst entlassen und verloren ihre Vorrechte als »kaiserliche Arbeiter«. Huldvoll gewährte ihnen der Monarch eine bescheidene Gnadengabe.

Feudale Reiselust contra harte Arbeit

Ganz abgesehen von feudaler Reiselust, die schließlich in die Erhöhung eines verschlafenen Salinenortes namens Ischl zur sommerlichen Kaiserresidenz mündete, erwachte zunehmend auch in bürgerlichen Kreisen das Interesse an vordem ängstlich gemiedenen Gebirgslandschaften und die Sehnsucht nach wildromantischer Natur. Allerdings wollte die archaische Arbeitswelt des Salzwesens nicht so recht ins verklärte Bild passen. Anfang des 19. Jahrhunderts gehörten besonders in Hallstatt Not und Hunger zum Alltag. Wenn nobler Besuch kam, wie zum Beispiel 1803 die kaiserlichen Erz-

Fernab jeder ländlichen Idylle leisteten die »Kerntragweiber« unvorstellbare Schwerarbeit. Vom Salzberghochtal schleppten sie die schweren Steinsalzbrocken Hunderte von Metern hinunter zur Seelände.

herzoge Anton und Rainer, putzte sich der Ort festlich heraus: Die Kirche, der Rudolfsturm und das mächtige Amtshaus wurden beleuchtet, Feuer flackerten am Seeufer, ein Feuerwerk wurde abgebrannt, und der Marktrichter Seeauer lud die Herren als Gäste in sein Haus. Doch die Salzarbeiter verdienten so wenig, dass es nicht einmal zum Leben reichte. Ihre Frauen mussten als »Kerntragweiber« arbeiten: Zweimal täglich stiegen sie den steilen Weg zum Salzberghochtal hinauf, wo in 1033 m Höhe, am Katharina-Theresia-Stollen, ein Magazin errichtet worden war. Sie luden auf und schleppten ihre »Kernkraxen« talwärts. Nur einmal, auf der »Kernbank«, konnten sie die Last abstellen und kurz verschnaufen, bevor es zum Kernmagazin an der Seelände weiterging. Jene Steinsalzbrocken, die so mühselig zu Tal geschleppt wurden, waren übrigens hauptsächlich für die kaiserliche Jagd bestimmt.

Als der Reiseschriftsteller Johann Eduard Mader 1807 nach Hallstatt kam und die Saline besichtigte, war er schlichtweg entsetzt:

»Diese Sudhäuser bieten zugleich das empörendste Schauspiel menschlichen Elends und menschlicher Verworfenheit dar. Gleich beim Eintritte sahen wir uns von einem Heere bleicher, hohlwangiger, leichenähnlicher Menschen umringt, die uns von allen Seiten stießen und zupften und stumm mit flehentlichen Gebärden um ein Almosen baten. Diese Menschen, die fast ganz nackt arbeiten und in Wachen zu sechs Stunden einander ablösen, vegetieren, da die Sudarbeit Tag und Nacht ununterbrochen fortdauert – es werden denn die dem Feuer am meisten ausgesetzten Stellen des Kessels ausgebessert – vegetieren, sage ich, die Hälfte ihrer Lebenszeit in einem ihre Gesundheit, ihre Seelenkräfte und ihren Frohsinn zerstörenden Elemente.«

Immerhin weiß der frühe Salzkammergutreisende auch über positive Veränderungen zu berichten:

»In Ischl ist erst dieses Jahr ein Physikus für den gesamten Distrikt mit einem ansehnlichen Gehalte angestellt worden, dessen Hauptpflichten sind, über den Gesundheitszustand zu wachen … zumal da einerseits die Armuth und Unwissenheit hier so groß ist, und auf der andern Seite die Fälle sich hier so oft ereignen, wo die leidende Menschheit der ärztlichen und noch mehr der wundärztlichen Hilfe bedarf.«

Eben bei diesem Physikus könnte es sich schon um jenen Dr. Josef Götz – tatsächlich aus dem wortgewaltigen Geschlecht derer von Berlichingen – gehandelt haben, der dem Salz, Ischl und dem ganzen Salzkammergut neue, zukunftssichere Perspektiven eröffnete.

Zuvor kam aber noch ein anderer schreibender Tourist ins Salzkammergut: der Arzt und Naturforscher Josef August Schultes. Er liebte es nicht so sehr, der Armut ins hohlwangige Antlitz zu sehen, vielmehr interessierte ihn Absonderliches, Pittoreskes. Über Hallstatt schreibt er:

> »Lassen Sie uns nun noch über die Dächer von Hallstadt hinweg in den Felsen umhersteigen. Ich sage über die Dächer weg, denn die Häuser sind so dicht an Felsen hingebaut, dass Sie, wenn Sie unten am See von dem schmalen, gebürsteten Ufer in das erste Stockwerk hinaufsteigen, Sie aus dem Zimmer desselben rückwärts ebenen Wegs auf die Felsen kommen, die über die Dächer auf den See herabblicken. Oft stürzen hier Felsblöcke herab, zumahl im Thauwetter, und beschädigen die Häuser. An einigen Stellen ist kein anderer Weg in Hallstadt, als über eine Art von Brücke, die über die Dächer der Häuser hingespannt ist. Das sieht dann wirklich sehr bizarr aus und wirkt zuweilen ächt chinesisch. So wird es Sie nicht befremden, wenn ich Ihnen sage, dass Pferde hier eine ebenso große Seltenheit wie in Venedig sind.«

Auf dem Weg hinauf zum Salzbergtal und zum Rudolfsturm erweist sich Schultes als konditionsstarker Menschenfreund:

> »Sie werden gewiss sich nach dem Hallstädter Salzberge tragen lassen, wenn Sie nicht lieber das Vergnügen des Ansteigens auf einen Berg, der jeden Schritt mit neuen Aussichten in eine zauberische Welt lohnt, mit eigener Kraft verdienen wollen. Man wird für eine Kleinigkeit von den stämmigen Bergleuten zum Rudolphsthurme hinaufgetragen: ich konnte mich aber nie entschließen, Menschen unter meinem Drucke keuchen zu hören. Vergessen Sie mir nicht, im Hinansteigen des Salzberges den Ort zu küssen, wo Maximilian I. hier am Berge gesessen ist, der größte Regent, den Österreich seit einem halben Jahrtausende hatte. Dieser große Kaiser erstieg zu Fuß den Berg; jetzt lassen kaiserliche Kommissäre, wenn sie sich hierher verirren, sich hinauftragen!«

An der tunlichst zu küssenden Stelle gibt es übrigens noch heute eine Gedenktafel mit der Inschrift: »hie hat gerast, der hochlöblich

Rö Kunig maximilian alls er gangen ist die Salzperg zu besehen den 5 tag january Ao 1504.« Wie viele Touristen nach ihm genoss Schultes auch das dramatische Geschehen der Holztrift, ohne sich große Gedanken über die damit verbundene lebensgefährliche Arbeit zu machen:

> »Ein prächtigeres Schauspiel gibt es nicht, als wenn von den Wänden des Gmündner Sees, oder von den Felsen herab, die den düsteren Hallstädter See einschließen, 4–600 Klafter hoch aus der Luft Mastbäume in diese Seen stürzen. Von ihren hohen Riesen fahren sie herab mit Pfeilesschnelle an den Rand des Abgrundes, an den Felswänden über dem See; auf ihrem Sturze durch die Lüfte, 600 Klafter hoch, pfeifen sie wie der Sturmwind in den Tauen des Mastes, und ein Donnerschlag ist's, den alle Felsenwände umher widerhallen, wenn sie auffallen auf den Spiegel des Sees. Mit kleinen Schiffchen, die durch Seile verbunden sind, werden die Bäume, die zerstreut im See umherwogen, zusammengetrieben, mit Bögen, die ihren Haufen umschlingen, festgehalten, und, als käme man mit Wallfischen vom Wallfischfange, zum Orte der Bestimmung hingerudert.«

Nicht immer war es allerdings gefahrlos, eine Salzkammergutreise mit derlei aufregenden Beobachtungen zu würzen. In der Nähe von Ischl ist in einer Felswand am Ufer des Rettenbaches eine kleine Steintafel angebracht, die in russischer und deutscher Sprache von einem Unfall berichtet, der einmal nicht Holzflößer, sondern neugierige Zuschauer betraf: »Fürst Leon Gagarin und sein Sohn Fürst Wladimir fanden hier am 3. August ihren Tod. 1868.« Damals war Ischl längst zu einem eleganten Kurort mit Theater und Trinkhalle geworden, mehr noch: zur Residenzstadt, auf die seit 1861 huldvoll die Kaiservilla herniederblickte. Das Salz spielte dabei noch immer eine Hauptrolle, wenn auch eine, die sich gründlich gewandelt hatte.

Das »Meerbad in den Alpen«

Am Anfang dieser wundersamen Metamorphose stand, wie gesagt, der Kammerguts-Sekundar-Physikus Doktor Josef Götz. Dabei hatte er keinen Gedanken an eine mögliche Zukunft Ischls als Nobelkurort verschwendet, als er Salinenarbeiter, die an Hautkrankheiten, Gicht oder Rheumatismus litten, versuchsweise in erwärmter Sole baden ließ. Diese Behandlung brachte erstaunliche Erfolge und bewog den Salinenarzt nun doch, ein kleines Badehaus zu bauen, das öffentlich zugänglich war. Davon hörte Dr. Franz Wirer aus Wien, ein ebenso tüchtiger wie prominenter Arzt, der es verstand, sich und seine Arbeit glänzend zu vermarkten. Das Salzkammergut hatte er schon zuvor als einen künftigen Hoffnungsmarkt für gesunde Geschäfte erkannt. Erst einmal dachte er daran, sich im eleganten Gmunden niederzulassen, doch dann faszinierte ihn zunehmend der Gedanke eines »Meerbades in den Alpen«. In Ischl gab es Sole und einen tüchtigen Kollegen, der erste Erfolge vorzuweisen hatte. Wirer entschloss sich also, aus guten Voraussetzungen das Beste zu machen. Bald schaffte er es, seine reiche Klientel nach Ischl zu bringen, und als dann auch noch einige prominente Kurgäste tatsächlich gesundeten, gewann die Entwicklung des jungen Kurortes eine erfreuliche Eigendynamik. Joseph Baron v. Wenker ließ seinen von Wunden bedeckten Körper von warmer Sole umschmeicheln, Graf Arthur Potocki aus Polen gab sich, begleitet von Equipage, Dienerschaft und Leibarzt, den alpinen Meeresfluten hin, Fürst Metternich und Fürsterzbischof Rudolf von Olmütz, Prinz Gustav von Schweden, schließlich gar Kaiser Franz I. höchstselbst trugen das Ihre dazu bei, ein bescheidenes Salinenstädtchen in eine respektable Solekurstadt zu verwandeln. So wirklich berühmt wurde Ischl aber erst durch ein habsburgisches Dilemma: Es fehlte an geeigneten männlichen Nachkommen, und die Weltgeschichte war durchaus in Gefahr, künftig ohne das Haus Habsburg fortgeschrieben zu werden. Zwar hatte Kaiser Franz I. zwei Söhne, doch der Thronfolger, Ferdinand, ließ nichts Gutes hoffen. »Unser Nandi is a Trottl« war sogar die Meinung ausnehmend kaisertreuer Untertanen. Sein Bruder,

Auch im Alter noch gern in Bad Ischl zu Gast: Kaiser Franz Joseph auf dem Weg zu den Feierlichkeiten seines 80. Geburtstags.

Erzherzog Franz Karl, hatte immerhin Prinzessin Sophie geheiratet, eine Tochter des bayerischen Königs, die durchaus geeignet schien, die Karriere ihres Gemahls zu fördern. Ihrer edelsten Pflicht kam Sophie zumindest in den ersten zwei Ehejahren nicht nach: Sie blieb kinderlos. Aber sie schickte ihren Franz Karl energisch nach Ischl, um ihn dort in würziger Luft und salzigen Fluten erstarken zu lassen, und im Sommer begleitete sie ihn. Die Ergebnisse dieser Kur sind namentlich bekannt: Franz Joseph, der spätere Kaiser, Ferdinand Maximilian und Karl Ludwig. Ischl hatte dem Hause Habsburg drei »Salzprinzen« geschenkt, und Habsburg bedachte den nunmehr weltberühmten Kurort mit dem Glanz allerhöchsten Wohlwollens. Erzherzog Franz Karl hielt Ischl die Treue und Franz Joseph noch viel mehr, als Bub erst, als Jüngling und natürlich auch als junger Kaiser.

Innerhalb weniger Jahrzehnte hatte sich das Salzkammergut gründlich gewandelt. Überall standen die nicht wirklich gediegenen, doch ungemein eindrucksvollen Denkmäler einer eleganten Freizeitwelt herum, und zumindest in den Sommermonaten hatte das Land der Knappen, Pfannhauser und Salzschiffer so etwas wie eine zweite Bevölkerung: unendlich reich, gelangweilt oder amüsiert und erfreulich einträglich. Plötzlich war es für die Einheimischen möglich, abgesehen von ihrer fest gefügten, tradierten Arbeitswelt, die längst schon keine Sicherheit mehr bot und kein erträgliches Auskommen, neue Möglichkeiten zu ergreifen. Die Salzkammergütler waren dabei nicht zimperlich, und die Frage der Menschenwürde stellte sich nicht wirklich: Die Alternative, für einen Hungerlohn in Salzberg oder Saline zu schuften, wenn nicht gar arbeitslos auf Almosen angewiesen zu sein oder bleiche Fremdlinge auf Sesseln durch die Gegend zu schleppen und dafür glänzend entlohnt zu werden, war durchaus verführerisch. Außerdem: Wer sich dabei zum Narren machte, die Sesselträger oder die Sesselsitzer, bleibt ohnedies dahingestellt. So berichtet der Schriftsteller Heinrich August Noë über Hallstatt:

> »Hier ist es das Ideal jedes Führers, Sesselträger zu werden, weil die Mühe einiger Stunden mit schwerem Gelde bezahlt werden muß. Ohne das Einschreiten der Ortsbehörde würde sich Jeder zum Sesselträger machen ... Der Wirth des Dorfes, an welchem ich die Skizze anknüpfe, besitzt Maulthiere, welche den Reisenden, die nicht steigen wollen, für die Bergpfade zu Diensten stehen. Für diese Tiere kann der Mann im Sommer nicht genug wachen. Denn die Führer, welchen es gelungen ist, Sänften schleppen zu dürfen, verfolgen die armen Thiere als ›Broddiebe‹ und würden dieselben, wenn es blos auf ihren guten Willen ankäme, aller Orten um ihre geraden Glieder bringen.«

Aufbruch ins Zeitalter der Industrie

Ein äußeres Zeichen der tiefgreifenden Veränderungen im Salzkammergut war die Inbetriebnahme der Eisenbahn, die einerseits den Transport von Salz und anderer Waren auf eine neue Basis stellte, und andererseits eine vordem schwer erreichbare, einschichtige Gegend wie mit Zauberhand an die große weite Welt knüpfte. Der verdienstvolle Hallstätter Chronist und Forscher Friedrich Morton notierte:

> »Am 9. Mai des Jahres 1877 rollten über die gerade fertig gewordene Eisenbahnbrücke in Ischl die Lokomotiven ›Betsy‹ und ›Richard‹. Mit brausendem Jubel wurden diese ersten Dampfmaschinen empfangen, die den Anschluss des Kammergutes an den europäischen Schienenstrang bedeuteten. Gleichzeitig lagen unter der Brücke vier Traunrösser schwer im Geschirr, um eine Zille im Gegenzuge weiterzubringen! Zwei Zeitalter begegneten einander auf engstem Raume!«

Für die alte Welt des Salztransportwesens auf dem Wasser war diese Begegnung allerdings fatal: Traunbauer und Salzschiffer wurden arbeitslos, wie auch Zillenbauer und Wehrmeister. Die Wasserbauten entlang der Traun verfielen, auf den Treppelwegen wuchs hohes Gras. Der Aufbruch in das Zeitalter der Industrie bedeutete für das Salzkammergut also eine zwar zwiespältige, doch letztlich positive Entwicklung. Ganz anders erging es den alten, ernsten Salinenstädten wie Hallein und Hall. Hallein und Dürrnberg fanden sich nach den Napoleonischen Kriegen in der Donaumonarchie wieder. Einerseits waren damit neue Absatzmöglichkeiten verbunden, andererseits erwies es sich aber als sehr schwierig, mit den neuen Strukturen zurechtzukommen.

Salzburg war als fünfter Kreis dem Kronland Oberösterreich angegliedert. Die Verwaltung des Salzwesens wurde von Amt zu Amt weitergereicht, einmal war Hall in Tirol zuständig, dann Gmunden, dann Wien. In der ersten Hälfte des 19. Jahrhunderts ging die Salzproduktion drastisch zurück. Das neue Sudhaus Colloredo erwies sich rasch als eindrucksvoll schönes Gemäuer, in dem eine technische Fehlkonstruktion untergebracht war. 1824 waren nur mehr die beiden Pfannen Neugoldegg und Raitenau in Betrieb, und auch hier gab es Probleme, vor allem mit der Qualität des Salzes: Die Stöcke zerfielen, weil sie zu feucht und damit zu weich waren, und es gab immer wieder Beschwerden über Verunreinigungen durch Sand oder Mauerwerk. Die Probleme der Salzwirtschaft waren aber gleichzeitig, und um so drückender, auch die Probleme der Knappen und Pfannhauser: Das ohnedies mehr als bescheidene Einkommen verringerte sich fast auf die Hälfte, Angehörige ehemaliger Salzarbeiter füllten die Armenanstalten. Das revolutionäre Feuer des Jahres 1848 flackerte in Hallein nicht einmal auf, erstickt in einer Atmosphäre dumpfer Resignation. Erst in der zweiten Hälfte des Jahrhunderts fasste die Salzerzeugung wieder Tritt. Salzburg war zum eigenständigen Kronland geworden, das seine Salzerzeugung mit einer eigenen Salinen- und Forstdirektion verwaltete. Salzproduktion und Salzverschleiß wurden getrennt, die Versiedung konzentrierte sich nun auf die Pernerinsel, und man ging dazu über, das Salz nicht mehr in Fässer, sondern in Jutesäcke zu verpacken. Ein durchaus auch heute aktuelles Prinzip: Rationalisierung, steigende Erträge und Abbau von Mitarbeitern. Damals wurden die Salzträger und die Kufenheberinnen arbeitslos, die Küfer und ihre Mitarbeiter. Die Umstellung auf Kohlefeuerung machte die Arbeiter im Forst und bei den Rechenanlagen überflüssig, der Salztransport auf der Schiene sparte die Salzschiffer ein.

Eine Salinenstadt wird Solebad

Für die Zukunft der Stadt Hallein war also ein umfassender Strukturwandel vonnöten. Natürlich war die Kunde vom wundersamen Prinzen Fremdenverkehr auch hierzulande bekannt, der die schlafende Schönheit Salzkammergut wach geküsst hatte, aund natürlich machte man sich auch in Hallein Gedanken über die neuerdings so begehrte Heilkraft der Sole.

Aber das Wesen der alten Salinenstadt war ernst, schwer und wuchtig; Das ließ sich mit ein paar hübschen Dekorationen nicht ins Gegenteil verwandeln, und irgendwelche Majestäten, die hier zu residieren und zu gesunden wünschten, gab es erst recht nicht. Da und dort boten rege Hoteliers Heil- und Solebäder an, doch der Strom der Gäste erwies sich als dürftiges Rinnsal. Hallein musste sich selbst helfen. Vorerst wandelte sich wenigstens das äußere Bild der Stadt: Die deprimierend hässlichen Bauten der Küffergasse wurden

Ein Bild aus vergangenen Zeiten, als die Berufe der Knappen, Pfannhauser und Salzträger noch sichere Arbeit bedeuteten.

abgerissen, Zinshäuser entstanden, und die Saline renovierte ihre Betriebsgebäude. Allmählich trat die Salzgewinnung in Hallein hinter die Bedeutung neuer Industriebetriebe zurück. Hatten Anfang des 19. Jahrhunderts noch sechsundfünfzig Prozent der Bevölkerung in irgendeiner Weise von der Salzproduktion gelebt, waren es zur Jahrhundertwende nur noch zwölf Prozent: Die Salinenstadt hatte sich zu einer Industriestadt gewandelt, in der es sich wieder einigermaßen leben ließ.

Auch Hall in Tirol blickte mit dem Zeitalter der Industrialisierung auf eine große Vergangenheit zurück, deren Glanz längst matt geworden war. Die Eisenbahn ließ den Hafen bedeutungslos werden, Kohle machte den großen Holzrechen überflüssig, und schon seit Beginn des 19. Jahrhunderts war Hall keine Münzstätte mehr. Die Saline betrieb zwar noch vier Pfannen, doch sie hatte 1805 mit dem Preßburger Frieden wichtige Absatzmärkte verloren. Nach und nach versuchte man auch hier, mit dem Kurtourismus einen neuen Wirtschaftszweig aufzubauen. Private Solebäder wurden eingerichtet, und sehr zögernd, nämlich erst 1930, folgte die Stadt dieser Entwicklung, errichtete ein Kurmittelhaus und schmückte sich acht Jahre später mit dem Namen Solbad Hall. Heute fließt keine Sole mehr, Hall ist mit seinem alten Namen und mit neuen Industrien, einer Zollfreizone und dem größten Güter- und Verschiebebahnhof von Tirol wieder höchst lebendig geworden. Doch im historischen Zentrum ist die in Jahrhunderten gewachsene Identität der alten Salzstadt ungebrochen, und nachts, wenn die Dunkelheit alltägliche Konturen auflöst, gehen behäbig und selbstbewusst die Geister der Haller Kübler um.

Ein kulinarisches Zwischenspiel

Brot und Salz: Das klingt so einfach, ist es aber nicht: Sonst wüssten ja auch die großen Backfabriken, wie es geht. Für eine besonders eigenwillige Variante dieser ehrwürdigen Verbindung sorgt zum Beispiel ein Brauchtumsgebäck, das es ausschließlich im Ausseerland gibt, und auch dort nur, wenn der Fasching mit all seinen umwerfenden Begleiterscheinungen ausbricht.

Die »Beugln«, dieses wundersame ringförmige Backwerk, das auch die bekanntermaßen männlichen und erschreckend trinkfesten Ausseer Trommelweiber an den Hälsen und auf der Fahne hängen haben, sind von so ungenierter Fruchtbarkeitssymbolik, dass ihre Herstellung besser Fachleuten überlassen bleibt. Seltsamerweise sind die Ausseer Bäcker durchaus bereit, ihr Rezept preiszugeben, aber das liegt vermutlich daran, dass merkwürdige Zutaten und die einigermaßen kryptische Formulierung jeden Selbstversuch im Keime ersticken. Man nehme demnach:

10 Liter Wasser
19 ¾ kg Weizenmehl
1 ¼ kg Roggenmehl
80 dkg Germ
40 dkg Malzmehl
19 dkg Kümmel

Von da an ist alles ganz einfach: »Man wägt die Pressen ohne Teigruhe zu 1,70 kg aus und schleift sofort. Anschließend werden die Teigstücke lange gerollt und zu Ringen geformt. Man lässt sie in einem kühlen Raum absteifen, kocht sie daraufhin in Salzwasser und setzt sie auf Gitter. Gebacken wird bei offenem Zug in nicht zu heißem Ofen. Teigtemperatur: 27 Grad.«

So weit, so klar. Dass die Rundlinge auch noch mit feinem Salz bestäubt sind, versteht sich eigentlich von selbst. Außerdem ist das »Beugelreißen« ein vielgeübter Brauch: Zwei ziehen herzhaft am Teigring, und wer das größere Stück in der Hand behält, hat nicht nur mehr zu beißen, sondern auch mehr Glück. Doch was ist das eigentlich, Glück?

Am Ostermontag wird im Pulkautal, im Weinviertel, dicht an der Grenze zu Tschechien, ein berührendes Fest voller sinnlicher Unschuld gefeiert: die Grean, Grean wie die Farbe Grün. Früher kam in dieser Gegend jahraus, jahrein kaum Fleisch auf den Tisch und zu trinken gab es statt Wein den »Haustrunk«, die mit reichlich Wasser versetzte zweite Pressung der Maische. In der Vorweihnachtszeit wurde natürlich schon geschlachtet, dann gab es ordentlich zu essen, doch die besten Stücke vom Schwein wurden kräftig mit Salz, Knoblauch, Koriander, Kümmel und Paprika eingerieben, in einen großen irdenen Topf gelegt, und darauf kam ein Brett, mit einem großen Stein beschwert. Nach zehn Tagen kamen die guten Stücke dann in die »Selch«, die Räucherkammer, und nach weiteren zwei Wochen waren sie fertig und warteten in der kühlen Speis, verheißungsvoll duftend, auf das Osterfest. Am Ostermontag gab es allerhand zu feiern, Himmlisches wie Irdisches: Der Heiland war auferstanden, die Glocken waren doch wirklich aus Rom zurückgekommen, die dicken Fässer in den Kellern waren gefüllt und der zur Vollendung gereifte Wein funkelte klar in den Gläsern. Wenn das Wetter mitspielte, war auch schon der Frühling so richtig zu spüren, die Erde roch nach frischer Fruchtbarkeit und es grünte ringsum, dass es eine helle Freude war. An so einem glücklichen Tag wollten die Bauern auch ihr Gesinde froh sehen, also luden sie zu einem Fest in der Kellergasse, bei dem es den besten Wein zu trinken gab und dazu Brot und Geselchtes. Dieses Fest gibt es noch immer: Alle Presshaustüren stehen offen, jeder ist eingeladen, der des Weges

Das archaische Maskenspiel des Ausseer Faschings schmeckt nach Salz. An der Fahnenstange der »Trommelweiber«, zum Beispiel, hängen salzbestreute »Beugeln«.

kommt, es gibt zu essen und zu trinken, sogar Hausgeselchtes da und dort noch, und keiner redet von Geld: Es gibt ohnedies wenig genug davon in dieser Gegend. Andererseits: Nur, wer nichts zu verschenken hat, gibt reinen Herzens.

Salziges im Prater, Süßes im Sacher

Von diesem kleinen österlichen Glück, das nichts will als sich über das gute Leben zu freuen, ist es ein erstaunlich kurzer Weg in das unfromme Reich käuflicher Lustbarkeiten, in den Wiener Prater. Wer dort genießerische Unschuld finden will, wird wohl ein wenig suchen müssen. Da gilt es erst einmal, die großen, lauten Buden links liegenzulassen und ganz hinten, wo es noch mehr Holz gibt als Plastik, mehr verschrobene Lustbarkeit als kalkulierten Nervenkitzel, auch eine kleine Zeitreise zu tun. Wie hat denn die Kindheit eigentlich so geschmeckt, wenn sie wieder einmal besonders abenteuerlich und unverschämt schön war? Süß natürlich, aber auch salzig. So salzig, wie eine Salzgurke aus dem Fass nun einmal zu schmecken hat, ordinär und aufregend. Es steht zu befürchten, dass es heute irgendein Salzgurkenfix gibt, das die Zubereitung einfach und banal macht. Aber dazumalen war das noch anders: Die gewaschenen, mit der Stricknadel durchstochenen Gurken kamen zusammen mit Weinblättern, Weichselblättern und Kräutern in ein trockenes, mit Salz ausgeriebenes Holzfass und wurden mit abgekochtem Salzwasser bedeckt. Ein Stück Schwarzbrot beschleunigte die Gärung. Dann kam das Fass in den Keller, wurde alle paar Tage gedreht, und wenn die Lake eingetrocknet war, wurde aufgefüllt. Es gibt Leute, die ein Vermögen für Nouveau Beaujolais ausgeben, doch der erste Biss in eine heurige Salzgurke ist auch nicht von schlechten Eltern.

Bleibt noch ein Besuch im Sacher, weil das so gut zum Prater passt. Für den Abschluss muss es natürlich etwas Süßes sein, ein Gugelhupf, ein gerührter auch noch. 220 g Butter verlangt das Originalrezept, 120 g Staubzucker, 45 g Stärkemehl, 4 Eidotter, Rum, Vanille, geriebene Zitronenschale, 220 g Mehl, ⅛ l Milch, 4 Eiklar, 50 g Rosinen, 30 g Mandeln und, wer hätte das gedacht: eine Prise Salz.

Salzige Spuren

Dem Grundbesitz nach ist Admont das größte Kloster der Welt. Schon seine Anfänge hatten Format: An einem der ältesten Siedlungsplätze der Steiermark, bereits 859 als »Ademundi vallis« urkundlich genannt, gründete der Salzburger Erzbischof Gebhard mit Mönchen aus St. Peter 1074 ein Benediktinerkloster, das sich rasch zu einem der bedeutendsten mittelalterlichen Kulturzentren der Steiermark entwickelte. Einen weiteren glanzvollen Höhepunkt in der Geschichte von Admont brachte die Barockzeit, in der eine der bedeutendsten und schönsten Klosterbibliotheken Österreichs entstand. Jedenfalls ist sie aber mit ihren 150 000 Bänden, 1100 Handschriften und 900 Frühdrucken die umfangreichste der Welt. Die Vorgeschichte des Stiftes versickert in mittelalterlicher Düsternis, jedoch dürfte der heiligen Hemma von Gurk die Hauptrolle zugekommen sein.

Die geborene Gräfin von Friesach-Zeltschach wird sogar als Stifterin des Klosters Admont genannt. Als die Salzburger Mönche ihren Dienst antraten, war Hemma jedenfalls schon neunundzwanzig Jahre tot, und Salzburg hatte sich der Güter des Klosters Gurk bemächtigt. Als Kärntner Landesheilige musste die hochherzige Stifterin jedenfalls in Gurk ihr Leben aushauchen, andere wollen aber wissen, sie habe sich als trauernde Witwe ins Admonter Becken zurückgezogen, das damals in ihrem Besitz war. Um 1900 will man sogar Überreste ihres Schlosses im Schotter des Eßlingbaches gefunden haben. Jedenfalls widmete Erzbischof Gebhard sein Kloster der Heiligen Hemma, und noch etwas belegt deren leibhaftige Präsenz in der mittelalterlichen Waldwildnis: die gurkische Solequelle, eine von vermutlich sechs salzhaltigen Quellen, die das Admonter Becken sehr früh für Siedler interessant machten. Die gurkische

Wer hätte es gedacht: Hemma von Gurk, eine Heilige aus Kärnten, und Salz aus dem Ennstal haben mehr miteinander zu tun, als man glaubt.

Quelle sprudelte leider schon im 13. Jahrhundert recht lustlos und versiegte schließlich völlig. An zwei Stellen tritt aber sogar noch heute salzhaltiges Wasser zutage und wurde bis ins 20. Jahrhundert von den Bauern der Umgebung genutzt. Schon lange vor der Klostergründung waren die Solequellen jedenfalls genutzt worden, und zwar von verschiedenen Berechtigten, die keine Gelegenheit ausließen, um ihre Salzvorkommen zu streiten. Nachdem in solchen Fällen letzten Endes der Mächtigste zu gewinnen pflegt, bekam allmählich Salzburg die Oberhand. Schon 1093 räumte Erzbischof Thiemo dem Stift Admont die Gerichtsbarkeit über alle Salinenleute ein, die dafür Salz an das Kloster abgeben mussten. Die 1770 gedruckte »Unparteyische Abhandlung von dem Staate des Hohen Erzstifts Salzburg und dessen Grundverfassung zur rechtlich- und geschichtsmäßigen Prüfung des sogenannten IURIS REGII der Herzoge in Baiern« berichtet, dass

»sich Erzbischof Conrad in der domkapitlischen Urkunde vom Jahr 1123, dann Erzbischof Eberhard in dem Freyheitsbrief des Klosters Admont im Jahr 1160 ganz unbedenklich rühmet, dass das Erzstift die utilitatem auri et Salis, und Überhaupts die metalli fodinas überall als ein von dem Reich herrührendes Regal ruhig besessen habe«.

Damit sah sich der Salzburger Kirchenfürst auch in der Lage, mit einer Schenkung zum Gedeih des Klosters Admont beizutragen:

»Daher man sich keineswegs befremden darf, wenn man schon in einer Urkunde Erzbischof Eberhards vom Jahr 1190 antrifft, dass er dem Kloster Admont einen Theil der Fron und bergrechtlichen Nutzungen schankweise zukommen lassen.«

Im 13. Jahrhundert gelang es dann dem Stift, alle Salzquellen an sich zu bringen. Die Äbte von Admont, wirtschaftlich erstarkt und zunehmend selbstbewusst, sahen sich auch nicht mehr an Salzburg gebunden. Als 1292 Erzbischof Konrad und Herzog Albrecht einander um des lieben Salzes wegen bekriegten, stand Admont hinter den Interessen des Habsburgers. Damals war Hall bei Admont durch die Salzsiederei bereits zu einem stattlichen Ort mit einer schon seit 1095 bestehenden Kirche geworden. Hier wohnten und arbeiteten die Haller, Salzsieder und Pfänner, in den Urkunden des Klosters »Hallarius«, »Salinarius« und »Patellarii« genannt, aber auch Schmiede, Ziegelbrenner, Maurer und Zimmerer, die für den Bau und die Reparatur der Siedeanlagen gebraucht wurden. Erst kamen elf kleine Pfannen zum Einsatz, und später, als die Schmiedewerkstätten leistungsfähiger wurden, kam das Stift mit einer geringeren Anzahl größerer Pfannen aus. Noch heute zeugen Hausnamen in Hall von der salzigen Vergangenheit: »Oberpfanner« und »Unterpfanner«, »Salzvasser« und »Nyderleg«. Jedenfalls wurde bis in das 16. Jahrhundert hinein eine nicht unbeträchtliche Menge Salz erzeugt. Nachdem der Eigenbedarf des Klosters gedeckt war und auch Gurk seinen Anteil bekommen hatte, blieb noch genug für den Verkauf. Säumer brachten Salz aus Admont ins Murtal und bis nach Ostkärnten. Auf der Enns hatte sich sogar eine Salzschifffahrt entwickelt: Im Klosterurbar werden zwei Salzschiffe, vier »Schöfflehen« und ein »Schöffmeister« erwähnt. Um 1540 machte der landesfürstliche Ehrgeiz, die Salzproduktion gänzlich an sich zu bringen, der Geschichte der Haller Klostersaline ein zumindest offizielles Ende. Hall verlor vorerst rasch an Bedeutung, bis ein Hammerwerk neue Arbeitsplätze und frisches Kapital brachte. Das alte Herrenhaus steht heute noch im Ortsteil Mühlau. Auch Stift Admont lässt wieder in Hall arbeiten und hat dort ein klösterliches Elektrizitätswerk errichtet.

Ein ungleicher Machtkampf

War es im Ennstal der Interessenkonflikt zwischen Kloster und weltlicher Herrschaft gewesen, der die Salzerzeugung schließlich zum Erliegen brachte, gerieten anderswo geistliche Herren höchst unbrüderlich aneinander, genauer gesagt das Erzbistum Salzburg und die Fürstpropstei Berchtesgaden. Bedenkt man die Heftigkeit der Auseinandersetzung und die Menge der echten und der gefälschten Urkunden, die im Zusammenhang mit dem Salzbergbau am Tuval entstanden, mutet es seltsam an, dass seine genaue Lage bis heute unter Heimatforschern für heftige Diskussionen sorgt. Dass dieses Salzvorkommen als der heutige Gutratsberg, ein waldbestandener Höhenzug zwischen der Salzach und der Königsseer Ache, im Grenzgebiet der beiden geistlichen Herrschaftsbereiche, lag, steht wohl fest. Es gibt auch Indizien dafür, dass der umstrittene Salzabbau in der Waldschlucht (dem »Tobel« = »Tuval«) des Teufenbaches zu suchen ist und das Sudwerk im nahen Neusieden stand. Wie auch immer: Um die Mitte des 12. Jahrhunderts wurde vermutlich von Salzburg aus damit begonnen, am Tuval Sole zu gewinnen. Die Chorherren von Berchtesgaden konnte das nur mit tiefem Missbehagen erfüllen: Eingezwängt zwischen das prosperierende Reichenhall und das mächtige Salzburg, war es ohnehin schwer genug, die eige-

Die genaue Lage der Saline Tuval ist bei heute nicht exakt zur eruieren. Hier der Blick vom Kehlstein auf den Höhenzug Tuval.

nen Interessen zu wahren. Propst Heinrich I. beeilte sich, von Friedrich I. die Bestätigung des Salz- und Bergregals auf Berchtesgadener Gebiet zu erlangen. Die Chorherren gingen mit Eifer daran, am Gollenbach und am Tuval Salz zu gewinnen.

Die Lagerstätte am Gollenbach, wo sich noch heute das Salzbergwerk Berchtesgaden befindet, konnte man ihnen kaum streitig machen, doch der Abbau am Tuval erhitzte die Gemüter im Salzachtal. Möglicherweise von ihrem Erzbischof zu gottgefälliger Tatkraft ermuntert, erwiesen sich besonders die Bewohner von Kuchl als kampfstark und zerstörerisch. Die Chorherren baten den Kaiser um Hilfe, dieser untersagte die Anwendung von Gewalt und fügte noch eine Grußadresse an Salzburg hinzu: Sollte eine Persönlichkeit von Stand meinen, Rechte auf den umstrittenen Salzbergbau zu haben, möge sie sich doch auf dem Amtswege zum Kaiser verfügen. Salzburg hörte aber nicht auf, Unruhe zu stiften, und als sich dennoch kein durchschlagender Erfolg einstellte, griff der Erzbischof zu einer unfrommen, aber damals durchaus gängigen List: Er ließ eine Urkunde fälschen – so berichtet es zumindest Dr. Karl Larveseders Geschichte des Chorherrenstiftes Berchtesgaden. Damit stand es festgeschrieben: Erzbischof Konrad I. hatte 1123 auf Hohenwerfen kraft seiner Privilegien dem Domkapitel die Saline am Tuval geschenkt. Dieser freundlichen Zusage folgte auch noch ein ungewöhnlich drastisches Schlusswort:

> »Wer, er sei Richter, Geistlicher oder Laie, diese Schenkung verletzt und nicht über sein Unrecht zur Einsicht kommt, der wisse, dass ihn der kirchliche Bannstrahl trifft und er am Tag des Jüngsten Gerichtes dem Feuer der Hölle verfallen ist.«

Damit hatte Erzbischof Adalbert III. meisterlich seinen Streit zu einer Auseinandersetzung zwischen Domkapitel und Propstei gemacht. Das Domkapitel zögerte nicht lange und bat seine höchste Instanz, den Papst, ihm den Tuval zuzusprechen. Das geschah auch, Berchtesgaden sah sich hintergangen, wehrte sich nach Kräften, doch vorerst vergeblich: Salzburg nahm sich die Saline mit Gewalt. Eilends reiste der Chorherrenpropst nach Rom, Papst Cölestin III. hörte bekümmert und mitfühlend seinen Bericht, doch am Ende des ungleichen Machtkampfes musste sich Berchtesgaden angesichts der politischen Realität mit einem Drittel der Salzvorkommen im Tuval zufriedengeben, den Rest teilten sich das Domkapitel und der Erzbischof, welcher anschließend rasch sein ja doch nicht völlig unbeschwertes Gewissen mit zahlreichen frommen Schenkungen erleichterte. Dieser salzige Grenzkonflikt unter christlichen Vorzeichen wäre wohl noch lange weitergegangen, hätte nicht der Berg für sein Erlöschen gesorgt: Um 1300 waren die Salzvorräte im Tuval erschöpft; Bergbau und Saline wurden aufgegeben. Doch auch die Kampfeskraft der Fürstpropstei Berchtesgaden währte nicht ewig. Das Stift häufte in endlosen Streitigkeiten immer höhere Schulden an und wurde endlich säkularisiert. Die Fürstpropstei verlor ihre Souveränität, kam an Salzburg und 1810 an Bayern.

Die Altstadt von Hallein

Als der Tuval nach eineinhalb von Streit, Habgier und Kampfeslust geprägten Jahrhunderten in die Stille sank, war Hallein schon seit Jahrzehnten eine Stadt und die führende Saline des Ostalpenraumes, die mehr Salz erzeugte als die Salinen von Aussee, Hallstatt und Hall zusammengenommen. Bis ins 15. Jahrhundert trug allein das Salzwesen das Wachstum der Stadt, gab ihr Strukturen, prägte das Leben in ihr, und bis in das 19. Jahrhundert blieb Salz der bestimmende Wirtschaftsfaktor in Hallein. Vergangenheit von solchen Dimensionen bleibt auch in einer Gegenwart lebendig, die sich neue Ziele setzt. Fast alle Gebäude der Altstadt hatten dereinst in irgendeiner Weise mit Salz zu tun, und die Namen der Straßen und Plätze erzählen von vergangenen Jahrhunderten. Natürlich gibt es eine Salzgasse in Hallein, dort, wo früher die Manipulationsgebäude der Saline standen. Die Salzstadelstraße hingegen erinnert an den Schellenberger Salzstadel in Rif, dort, wo die Königsseer Ache in die Salzach mündet. Hierher schickten die Berchtesgadener ihre Salzfuhrwerke, deren Ladung dann unter argwöhnischer Aufsicht des bayerischen Oberschafferamtes von ebenso bayerischen Salzschiffen übernommen wurde. Doch auch bürgerlicher Handelsstolz hat seine Bühne: Rund um den »Bruckhäuserplatz« war die »Genossenschaft der vier Bruckhäuser« zu Hause. Bürger übernahmen Salz auf eigene Rechnung und trieben damit Handel. Das »Brucksalz« war Brückensalz, nämlich solches, das über die Salzbrücke und weiter auf dem Landweg nach Süden verfrachtet wurde. Die Halleiner Bürger hatten gut die Hälfte des Salzhandels fest im Griff, bis dann Wolf Dietrich von Raitenau noch energischer zupackte. Er und andere geistliche Fürsten nahmen ihren Weg übrigens nicht über die ordinäre Poststraße zwischen Salzburg und Werfen, sondern reisten auf der parallel dazu verlaufenden Fürstenstraße, von der es in Hallein noch ein Stück gibt. Auch die Khuenburggasse erzählt von feudalen Salzherren: Die gräfliche Familie Khuenburg, in Salzburg zu Hause und unverschämt reich, gab einem Salzsudhaus ihren Namen, das bis 1828 in Betrieb stand. Max Gandolph von Kuenburg, der letzte von drei Fürsterzbischöfen aus diesem Geschlecht, hatte es errichten lassen. Diesem sehr baufreudigen Herrn ist unter anderem auch die Errichtung des Augustinerklosters auf dem Georgsberg zuzuschreiben.

Eine der ersten Halleiner Adressen ist natürlich der Pflegerplatz. Hier bekamen 1654 jene hohen Beamten, die gemeinsam mit den Hofschreibern den erzbischöflichen Anteil am Salzwesen verwalteten, ein repräsentatives Amt, das Abtshaus. Weilten der Fürsterzbischof oder andere vornehme Leute in Hallein, stiegen sie hier ab. Erzbischof Sigismund II., Graf von Schrattenbach, machte sich überdies in außerordentlichem Maße um stilvolles Wohnen auf Reisen verdient: Er ließ einige Räume im zweiten Stock als Fürstenzimmer besonders kostbar ausstatten. Heutzutage ist das Pfleghaus ein Keltenmuseum der ganz besonderen Art.

Auch der Franz-Dückher-Weg lässt uns auf den Spuren erzbischöflicher Amtsgeschäfte wandeln, doch geht es hier um einen Salinenpfleger, der etwas aus der Art geschlagen war: Franz Dückher Freiherr von Haslau zu Urstein und Winkl, hochfürstlich salzburgischer Hof- und Kammerrat, Mitverordneter des Ritterstandes und Pfleger von Glanegg, war viel mehr als ein eindrucksvoller Titelkumulierer. Er verfasste 1666 die erste deutsche Chronik des Landes Salzburg, in der auch die älteste Gesamtansicht von Hallein als Kupferstich zu sehen ist. Wer die Bekanntschaft mit diesem gelehrten Salinenmann noch vertiefen möchte, kann das im Flur des Halleiner Gasthauses zur »Blauen Traube« am Oberen Markt tun: Dort zeigt eine gusseiserne Ofenplatte die Wappen Dückhers und seiner Frau. Ehrensache für eine Stadt wie Hallein, dass auch die Salzarbeiter der Saline ihren Platz haben, den Pfannhauserplatz. Diesen Facharbeitern hatten übrigens weder der Bürgermeister noch der Stadtrichter etwas zu sagen: Nur dem Urteil des Pflegers mussten sie sich beugen, und ihr »Pfannhausereid« verpflichtete sie dem Landesherrn. Der städtischen Obrigkeit blieben damit eine Menge Untertanen vorenthalten: Es gab Zeiten, da war jeder zweite Halleiner ein Pfannhauser. Doch auch jene, die nicht in der Saline arbeiteten, hatten meist mit Salz zu tun – die Küfer, zum Beispiel, an

Hans Brunner erstellte Ende des 19. Jahrhunderts eine Serie von Druckgrafiken der Saline Dürrnberg bei Hallein. Hier eine wohl etwas idealisierte Darstellung der Grubeneinfahrt.

welche die uralte Kuffergasse erinnert. Ihre wichtige Aufgabe war es, Gebinde für den Salztransport herzustellen. »Perkufen« waren Formen, in denen Fuder erzeugt wurden; »Kufen« hießen die Fässer für den Salztransport auf Schiffen. Während also die Küfer Gebinde bauten, sorgten jene Holzarbeiter, denen die Kleizergasse ein Denkmal setzt, für Kleinholz: Sie spalteten Kufenbretter für spezielle Verwendungszwecke beim Verpacken von Salz, aber auch für Salzschiffe.

Damit sind wir also glücklich ans Ufer gelangt. Hier gilt es erst einmal eines ideenreichen, wagemutigen, doch letztlich glücklosen Mannes zu gedenken: Christoph Perner zu Rif machte sich im 16. Jahrhundert durch zahlreiche klug ersonnene und zweckmäßige Wasserbauten einen Namen. Als er allerdings daranging, seine kühnste Vision Wirklichkeit werden zu lassen, scheiterte er. Es gelang ihm nicht, den Pass Lueg schiffbar zu machen, und ein großer Teil seines Vermögens, den er in das Projekt investiert hatte, war damit verloren. Aber der Christoph-Perner-Weg und vor allem die Pernerinsel, auf der die Salinengebäude stehen, tragen respektvoll seinen Namen.

Der Weg führt weiter ans Hallfahrtufer, und hier ging es schlichtweg um den Salztransport auf dem Wasserweg. Eine »Haifahrt« bestand aus bis zu zehn Schiffen, von denen jedes 244 Fuder trug. Die Gesamtzahl der Salzschiffe wurde von der Lauffener Schiffsordnung bestimmt, je zwei Schiffe trugen das gleiche Zeichen und den gleichen Namen, wie Tischgericht, Ainhorn, Schlaup, Monschein oder Thierspieß.

Auch das Naufergenufer lässt uns den Blick nach Lauffen wenden: Die Naufahrt führte die Salzschiffe von Lauffen aus auf der Salzach und dem Inn stromabwärts. Naufergen geboten als Kapitäne über eine Mannschaft, deren Größe sich nach der Art der Schiffe richtete.

Bleibt noch die Edtwerkstraße, und mit ihr eine Randnotiz zur historischen Energieversorgung: Die Halleiner Holzrechenanlage hieß »Edtwerch«, und sie war schlichtweg die größte Holzauffanganlage Europas. Ende des 15. Jahrhunderts ersetzte sie einen kleinen Rechen und sammelte gut dreihundert Jahre lang gewaltige Mengen von Triftholz für das Feuer unter den Pfannen. Erst 1920 zerstörte ein Hochwasser die Anlage.

Die Salzsieder

Wer der Salzwirtschaft unserer Tage herzlose Zentralisierung statt traditioneller Regionalisierung vorwirft, tut ihr Unrecht. Nur in den Anfängen der Salzgewinnung wurde das Salz in unmittelbarer Nähe der Vorkommen verarbeitet. Mit der Möglichkeit, Salzwasser in Rinnen zu transportieren, entstanden bereits größere Siedeanlagen im Tal, an den Transportwegen des Salzes. Kaum waren die mittelalterlichen Schmieden etwas leistungsfähiger, wurden statt vieler kleiner Sudpfannen wenige große gebaut. Maximilian I., ein moderner und recht radikaler Unternehmenssanierer des 16. Jahrhunderts, hatte sehr viel mit kostengünstiger Produktion, konkurrenzfähigen Preisen, dem Abbau von Reibungsverlusten und mit der Nutzung von Synergieeffekten im Sinn, auch wenn er andere Worte dafür hatte. Gegen Ende seines Jahrhunderts war das fachliche Können zur Herstellung betriebssicherer Holzleitungen so ausgereift, dass es denkbar wurde, eine große, zentrale Saline dorthin zu bauen, wo der Transport des fertigen Salzes einfacher und damit billiger war und wo es auch auf lange Sicht einfacher war, Energie, also Holz, heranzuschaffen: nach Ebensee. Rudolf II. traf 1592 eine zukunftweisende unternehmerische Entscheidung: »Also befehle ich, führt die Sole dem Walde nach, wenn der Wald rar wird bei den Bergen.« Um dieses Kaiserwort zu befolgen, musste erst einmal eine vierzig Kilometer lange Trasse mit möglichst gleichmäßigem Gefälle abgesteckt werden. Dann galt es, nicht weniger als 13 000 geeignete Bäume zu finden: gerade gewachsen und gleichmäßig stark. Mit langen Bohrern, den »Nagern«, war es möglich, die Stämme auszuhöhlen. Mit Flachhobeln und Konusschneidern wurden die Enden der Rohre so bearbeitet, dass sie als »Manndl« und »Weibl« ebenso sinnenfroh wie dicht miteinander verbunden werden konnten.

Schon Ende des 16. Jahrhunderts bekam die Salzschifffahrt Konkurrenz: Eine hölzerne Rohrleitung, die erste Pipeline Österreichs, schaffte Sole aus Hallstatt in die Saline Ebensee.

Allerdings gab es im Streckenverlauf ein Problem zu überwinden: Dort, wo das Gosautal in das Becken des Hallstätter Sees mündet, war eine tiefe Talsenke mit steilem Gefälle und Gegensteigung zu überwinden: der »Gosauzwang«. Den Holzarbeitern blieb also gar nichts anderes übrig, als mit einer Druckrohrleitung die erste Pipeline Österreichs zu bauen. Damit die durchbohrten Holzstämme dem Druck auch standhielten, wurden sie mit Eisenringen umschmiedet und bekamen Spannschlösser um die Verzapfungen. Trotzdem war die Beanspruchung sehr stark, und es gab immer wieder Probleme. 1775 kam ein neuer kaiserlicher Befehl, der den Bau einer Brücke über das Gosautal anordnete – und damit das Vollbringen einer technischen und handwerklichen Meisterleistung, die vor allem mit dem Namen eines seit damals geradezu legendären Holzmeisters verbunden ist.

Das Werk des Johannes Spielbüchler

Dieser Johann Spielbüchler hatte vorerst die langen, 20 × 25 cm starken Kanthölzer aus Baumriesen, wie sie nur auf der Jochwand bei Goisern wuchsen, heraushacken lassen. Als die sieben um die 30 m hohen gemauerten Quaderpfeiler standen, gab es das Problem, den ersten schmalen Balken von Pfeiler zu Pfeiler zu schieben. Eine sehr bedeutende Kommission des Salzoberamtes war angereist, doch die Herren zogen sich angesichts dieser schwindelerregenden Problematik erst einmal ins Wirtshaus Gosaumühle zurück. Als sie dann ein gutes Essen und ein paar Gläser später einigermaßen entscheidungsfreudig zur Baustelle zurückkehrten, wollten sie ihren Augen nicht trauen: Der erste Balken lag nämlich schon auf den Pfeilern. Johann Spielbüchler war nicht gerne lange untätig, und so hatte er das Problem eben ohne Salzamt gelöst. Die Herren staunten, dann wollten sie den Holzmeister entlassen, weil der Balken ja ganz offensichtlich nicht auf dem Amtsweg von Pfeiler zu Pfeiler gelangt war. Letztlich siegte aber doch ihr salzamtlicher Hausverstand, und der beunruhigend tüchtige Forstmeister durfte bleiben. Weil aber abgesehen von ein paar Helfern niemand so recht wusste, wie es denn wirklich zugegangen war, erzählte bald eine Sage, der Teufel habe mit höllischen Kräften nachgeholfen. Davon unbekümmert

Das Werk des Teufels oder doch eines findigen Konstrukteurs: der berühmte »Gosauzwang«.

lebte der Forstmeister noch lange und fromm im Bewusstsein, sich ein ansehnliches Denkmal geschaffen zu haben. Die Brücke bekam den Namen der alten Druckleitung, nämlich »Gosauzwang«. Noch heute können Wanderer dem historischen Weg der Sole folgen, der vom Salzberghochtal über Bad Goisern, Lauffen und Bad Ischl bis nach Ebensee führt, aus der felsigen Bergwelt am Hallstätter See in die freundlichen Wiesenlandschaften an der Traun.

Zur alten Soleleitung gehörten auch Solestuben, von denen heute noch einige in Betrieb sind, wie zum Beispiel im Kirchtal, am Gosauzwang und in Weißenbach bei Bad Goisern. Auch an einem abenteuerlich schönen Verbindungsweg zwischen dem Ausseerland und Bad Ischl steht noch eine Solestube. 1906 bauten die Ebenseer Solvay Werke eine Soleleitung vom Altausseer Salzberg über die Blaa Alm durch das Rettenbachtal. Ein steiler, schmaler Weg zwängt sich am stäubenden Wildwasser zwischen hochaufragende Felsen. Auch alte Holztriftanlagen gibt es hier noch zu sehen. Eine der Funktionen der Solebauten war es jedenfalls, die Solemenge zu messen, um Rohrleitungsgebrechen rasch zu erkennen und auch gleich räumlich einzugrenzen. Weil aber mechanische Zählräder durch Salzverkrustungen rasch unbrauchbar geworden wären, erfand der offensichtlich vielfach begabte Franz Ritter von Schwind, Salinenpfleger in Aussee und Architekt der Sudanlage auf der Pernerinsel in Hallein, den Meßtrog, der Sole durch genormte Öffnungen fließen ließ. Aus der Stauhöhe und dem Durchflussquerschnitt konnte so die Menge pro Stunde errechnet werden. Ohne Druckunterbrechung in den Solestuben wären außerdem die Rohre geplatzt, und im Winter wurde das salzige Nass auch noch erwärmt, um das Ausfallen von Kristallen zu verhindern.

Zwischendurch war es immer wieder notwendig, die verkrusteten Leitungen mit Süßwasser durchzuspülen, das in den Solestuben eingeleitet wurde. Die noch heute bestehende historische Soleleitung erzählt auch von der technischen Entwicklung der letzten Jahrzehnte. Holzrohre gehören der Vergangenheit an, heute wird Gusseisen oder Kunststoff verwendet. Annähernd parallel dazu führt, tief unter der Frostgrenze eingegraben, die neue Kunststoffleitung zur Saline im Ortsteil Steinkogel.

Ebensee spart Energie

Als 1607 in Ebensee erstmals Sole aus den Holzrohren floss, bot das eben erst errichtete Sudwerk ein Bild von archaischer Kraft: Qualm und Dunst stiegen durch das offene Dach himmelwärts, darunter

Durch Jahrhunderte waren mächtige Salzpfannen das Herz der Saline: aus miteinander vernieteten Blechen geformt, die auf kräftigen Stehern lagen.

hing an einem Bündel eiserner Hakenstangen die große Pfanne aus schuppenartig aneinandergenieteten Eisenblechen über dem offenen Feuerloch, in dem zweimetrige Stämme loderten.

Ein großes Schöpfrad tauchte seine Kübel in die Sole und goss sie in die Pfanne. Die Energieversorgung war zwar wirksam und preiswert, doch aus heutiger Sicht mehr als bedenklich: Das Schöpfrad war auch ein Laufrad, angetrieben von kräftigen Ebenseerinnen. Sechs Stunden arbeiteten Männer und Frauen, sechs Stunden hatten sie Ruhepause, und einen freien Sonntag gab es nur alle zwei Wochen. Das Prinzip des Salzsiedens in der Pfanne hatte sich seit dem Mittelalter nur in Details geändert und blieb noch lange gültig: Noch Anfang der Achtzigerjahre war in Aussee eine mit Öl beheizte Pfanne in Betrieb.

Der größte Nachteil dieser Art von Salzgewinnung war seit jeher Energieverschwendung, weil die Abwärme der Feuerung und der siedenden Sole ungenützt blieb. Als man im 19. Jahrhundert dazu überging, Abwärme und heiße Pfannengase zum Trocknen der Fuder zu verwenden, bedeutete das einen beachtlichen Fortschritt. Doch gleichzeitig gab es Überlegungen, ob es nicht möglich sein

Die Arbeiten an der Salzpfanne haben sich in der langen Geschichte des Salzsiedens nur im Detail geändert. Noch heute erinnert übrigens der Name »Pehringer« an die Pehrschaufel.

könnte, den gesamten Erzeugungsablauf in ein geschlossenes System zu zwingen. Damit befasste sich schon um 1850 ein Mann, der es schaffte, seiner Zeit an die hundert Jahre voraus zu sein: Peter Ritter von Rittinger. Er entwickelte ein System, das Wärme mittels Wasserkraft in einem ununterbrochenen Kreislauf halten sollte, also eine Wärmepumpe. Versuche, die damit in Ebensee durchgeführt wurden, scheiterten nicht an der Unzulänglichkeit des Prinzips, sondern an der Tücke des Objekts: Die Heizflächen des Systems verkrusteten. Die Revolution ließ also auf sich warten. In Ebensee fand sie 1979 statt, als in der Ebenseer Saline Steinkogel die große Thermokompressionsanlage zu arbeiten begann: Die gereinigte Sole gelangt über Vorwärmer in die geschlossenen Verdampfer. Dort strömt der Dampf nicht aus, sondern wird abgesaugt, durch das Verdichten in einem Kompressor weiter erhitzt und zum Heizen der Sole verwendet. Salz und Mutterlauge werden in einer Zentrifuge getrennt. Derartige Anlagen verbrauchen fast vierzigmal weniger Energie als herkömmliche Sudpfannen. Die Saline in Ebensee erzeugt derzeit in neun Großverdampfern bis zu 1,2 Millionen Tonnen Siedesalz pro Jahr.

Ganz abgesehen von den köstlichen Kristallen auf dem Frühstücksei ist Salz ja längst zum Industrieprodukt geworden, bei dem es nicht um Prisen, sondern um Tonnen geht. Seit im 18. und 19. Jahrhundert Verfahren zur Herstellung von Soda aus Kochsalz entwickelt wurden, hilft dieser Grundstoff bei der Produktion von Textilien, Glas und Seife. Die Natronlauge, ein Produkt der Kochsalz-Elektrolyse, ermöglicht die Herstellung von Aluminium. Natronlauge befreit aber auch Zellstoff von störenden Bestandteilen, die Papier vergilben lassen würden. Kunststoffe, Kleber, Farben – alles hat mit Salz zu tun. Den letzten paar Jahrzehnten blieb es vorbehalten, den uralten Begriff der Salzstraßen neu zu definieren, nämlich als solche, die im Winter mit Tausalz bestreut werden. Droht wirklich grimmiges Glatteis, werden für Österreichs 1100 km Autobahnen und 10 500 km Bundesstraßen innerhalb weniger Stunden etwa 1500 Tonnen Salz benötigt. Um für extreme Verbrauchsspitzen gewappnet zu sein, gilt es, Vorräte anzulegen – nicht zuletzt aber auch, um schwankende Energiepreise auszugleichen. Die Salzlagerhalle in Ebensee ist eine der größten Europas.

Auftausalz, Industriesalz, der Leckstein für das liebe Vieh und Salzprodukte für selektive Feinschmecker – die Geschichte vom Salz in Österreich ist eben doch eine unendliche Geschichte.

Im Bauch der Erde

Von ihrem steilen Wiesenhang schaut die Kirche von Dürrnberg zierlich und stolz über das Salzachtal. Sie ist Wallfahrtskirche, Pfarrkirche und natürlich die Kirche der Knappen und birgt deren über zweihundert Jahre alte Fahne. Dennoch ist das Verhältnis zwischen diesem schönen Gotteshaus und dem Salzbergbau ein wenig zwiespältig: Schon im 18. Jahrhundert kam es zu Senkungen und Mauerrissen, weil das Fundament des Gotteshauses auf gewachsenem Fels, aber auch auf Bergwerksmaterial errichtet wurde. Außerdem gibt es eine Sage, die nachdenklich stimmt: Dereinst hausten nämlich Gnome in den dunklen Tiefen des Dürrnberges, und zwar solche von der fleißigen, freundlichen Sorte. Ihr liebster Zeitvertreib war es offenbar, den Knappen bei ihrer schweren Arbeit unter Tage zu helfen, ohne dafür irgendeine Gegenleistung zu verlangen. So brachte der Bergbau auch durch den unermüdlichen Eifer der Gnome bald einigen Wohlstand, und es war möglich, eine kleine Kirche zu bauen. Freudig bewegt hörten die Knappen den festlichen Klang der Glocke, doch die treuen Berggeister vernahmen ihn nicht so gerne, sie gebärdeten sich unruhig, wurden ängstlich und endlich sehr traurig. Ein ganz alter Gnom trat vor und sprach zu den Knappen: »Wir müssen scheiden aus dem altgewohnten Hause, jaget uns doch aus ihm das Schallen eurer Glocke fort, denn wenn wir auch Christus nicht feind sind, so dürfen wir ihn doch nicht ehren auf Christenart.« Dann verschwanden die Gnome für immer.

Natürlich sind Sagen von Geistern und die Mitwirkung von Gnomen am Salzbergbau durch nichts belegt, doch sollte man sich die Sache nicht so einfach machen als Mensch, der üblicherweise erst nach seinem Ableben unter die Erde kommt. Wer in den Berg geht, betritt frechen Fußes eine Welt, die ihm eigentlich nicht zugänglich ist. Es gibt viele Sagen, die von ungeahnten Schätzen nebst gespenstischen Wächtern in diesem dunklen Reich berichten; und Kaiser Barbarossa sitzt noch immer im Untersberg, weil sein Bart erst einmal um den Tisch gewachsen ist. Da ist nun einmal diese Scheu vor der Welt unter der Welt, dieser leise Verdacht, dass dort ja doch Mächte wirksam wären, die uns nur ungnädig dulden, dass es Geheimnisse gibt, mit denen weder ein frommer Glaube noch ein aufgeklärter Geist zurechtkommen. Andererseits: All das macht auch den ganz besonderen Zauber einer Reise in die Tiefe aus, einer Reise, die man unbesorgt wagen darf, weil es kundige Wegbereiter gibt.

Seit Jahrtausenden dringen Knappen mit respektvollem Fleiß in den Berg vor, geben von Generation zu Generation ihre Schätze an Erfahrung und Wissen weiter. Ihre Arbeitswelt findet im Licht, an der banalen Oberfläche, nichts, was vergleichbar wäre. Auch wenn die Welt unter Tag für sie zum Alltag gehört, haben sie es nie verlernt, ihr Geheimnis zu spüren.

»... der schönste Anblick der Welt«

Wenn Knappen im Berg, in ihrer Welt, Gäste empfangen, ist das schon etwas Besonderes. Als noch Fürsterzbischof Wolf Dietrich in Salzburg mit so starker Hand regierte, dass es zum Staunen und zum Fürchten war, konnten Fremde überhaupt nur mit seiner persönlichen schriftlichen Genehmigung das Salzbergwerk besichtigen. Eine erste, wenn auch sehr elitäre Form von Tourismus brachten Adlige, die auf ihrer traditionellen Bildungsreise, der »Kavalierstour«, sich auch erkühnten, die Welt von innen zu besichtigen. So mancher Besucher wurde allerdings mit sehr distanzierter Gastfreundschaft empfangen, wie etwa 1749 ein Baron Fick. Dem Salzverweser wurde aufgetragen, ihm eine »gantz ohnverdächtige persons an die Seithe zu geben«, weil er »einer widrig Religion« huldige. Sehr selten wagten auch edle Damen den Schritt ins finstere Männerreich tief unter der Erde, wie zum Beispiel 1763 die Gräfinnen von Saurau und Lodron: Zuvor ließen sie eine Messe lesen. Bald folg-

Das alte Laugwerk wird für Besucher zum Zauberspiel vertauschter Wirklichkeiten – ob im 18. Jahrhundert oder in der Gegenwart: Der Himmel aus Salzgestein trägt die Last eines Berges und auf dem schwarzen Spiegel des Salzsees leuchten die Sterne.

ten Reiseschriftsteller als kühne Pioniere einer biedermeierlichen Eroberung der Landschaft. War es schon ein neues, Herz und Gemüt bewegendes Abenteuer, sich der frischen Luft auszusetzen, wasserdurchtoste Waldtäler zu durchstreifen und schauerlichen Felsabstürzen die Stirn zu bieten, bildete eine Expedition in die geheimnisvollen Höhlungen des Salzbergwerkes ein Erlebnis erregendster Güte. Fand sich dann in dieser engen, dunklen Welt unvermutet großzügige Weite und unterirdische Schönheit, war das Staunen grenzenlos.

Schon 1838 wurde der erste, von Anton Seelos verfasste Führer gedruckt. In einer Broschüre aus dem Jahr 1844 steht zu lesen: »Der Dürrenberg im Herzogthume Salzburg und seine Grubenfahrt.« Über das Sinkwerk Khonhaus finden wir:

> »In diesem Werke, das einem großen Saale gleicht, bietet der künstlich angelegte See von Soole die angenehmste Überraschung dar, denn derselbe wird ringsherum mit vielen Lichtern erleuchtet, welche sich im Spiegel des Sees glänzend reflektieren, den verschiedenen Salzsteinadern und Gypskristallen an dem Himmel (Decke) des Werkes den Glanz von Edelsteinen

> verleihen, dadurch das ganze Gemälde einem Sternenhimmel gleich und den Anblick wahrlich imposant darstellen.«

Der Reiseschriftsteller Johann Kaspar Riesbeck notierte 1783:

> »Eine solche Kammer, wenn sie beleuchtet wird, ist der schönste Anblick der Welt. Denke Dir einen Saal von hundert Schritt ins Geviert, dessen Wände und Böden aus Kristallstücken von allen erdenklichen Farben bestehen, die im Glanz der durchscheinenden Lichter so wunderbar durchspielen, dass Du wirklich glauben mußt, Du seiest in einen Feenpalast versetzt.«

Sogar die Ausfahrt blieb nicht ohne poetische Erhöhung, wie im Führer von 1844 nachzulesen ist:

> »Nun hat man das wesentlich Merkwürdigste des Salzberges gesehen, und man setzt sich auf die Bergwurst (Bergwagen) zur Ausfahrt, um aus dem Schooße der Erde mit freudigem Wechsel die Bergfahrt zu enden. Auf dieser ¼ Stunde langen Ausfahrt zeigt sich gegen die Mitte des Stollens dem Auge eine herrliche optische Erscheinung. Man sieht nämlich das Tageslicht schon in einer Entfernung von mehr als 400 Lichter. Es erscheint anfangs als ein glänzender Punkt, dieser wird immer mehr zum funkelnden Sterne, und allmählig immer größer, bis man endlich, zumahl wenn schönes Wetter ist, mit innigster Rührung von der ganzen Klarheit des Tages im buntfärbigsten Sonnenglanz sich umstrahlt sieht.«

Heute sind wir geneigt, die Dinge nicht ganz so pathetisch zu sehen, doch der Weg aus der dunklen Welt im Berg in den hellen Tag ist immer noch ein Schritt durch eine Zaubertür.

Allerorten denkt man derzeit über den Bau von Erlebniswelten nach, über synthetische Erfahrungs- und Unterhaltungskonzentrate. Die Salzbergwerke sind Erlebniswelten, die als einzigartige Arbeitswelt entstanden sind, mit einer Bauzeit von Hunderten, ja Tausenden von Jahren. Diese Erlebniswelten stehen auch nicht neben einem Parkplatz irgendwo vor der Stadt, sondern erschließen die Tiefe einer Landschaft, die mit ihren Salzvorkommen das Leben der Menschen ringsum prägt. Das Erlebnis Salz hört mit dem Verlassen des Bergwerkes nicht auf, folgt dem Weg der Sole bis zu den Salinen, lässt Träume und Gedanken mit Salzschiffen oder Saumpferden in die Weite ziehen oder wird heimisch in Städten und Märkten, deren Geschichte das Salz schrieb. Dürrnberg ist ohne Hallein und letztlich ohne Salzburg nicht komplett – und umgekehrt. 1989 wurde die Salzproduktion in Hallein stillgelegt. Doch wenn der Mensch erst einmal in das Gefüge des Berges eingegriffen hat, bleibt er dafür verantwortlich. So notwendig das Wasser für die Arbeit im Salzbergwerk ist, so groß sind auch die Gefahren, wenn es zu unerwünschten Auslaugungen kommt. Im Bergbau Altaussee kam es zum Beispiel Ende der 1970er Jahre zu einem massiven Einbruch von Trümmergestein und Wasser, der nur mit großem bergmännischen Können, wissenschaftlicher Unterstützung und viel Geld gebändigt werden konnte. Rund 50 Millionen Schilling kostete die Abdichtung im Berg: der wohl teuerste Stoppel der Welt. Auch im Dürrnberg könnte es – wenn man Sicherheitsmaßnahmen vernachlässigt – zu Tagwassereinbrüchen und wilden Verlaugungen kommen. Es gibt also immer noch zu tun unter Tage, ganz abgesehen vom Betrieb des mit großem Kostenaufwand ausgebauten Schaubergwerkes: Über 200 000 Menschen fahren hier jährlich in den Berg, erleben so ein wesentliches Stück österreichischer Identität und werden neugierig auf andere salzige Spuren im Lande.

Von Ischl nach Hallstatt

Jedes Salzbergwerk ist eine Welt für sich, entstanden in steter Wechselwirkung mit dem Lebensraum, der es umgibt. Wer zum Beispiel zum Ende der 1990er Jahre geschlossenen Salzbergwerk von Bad Ischl wandert, wird tunlicherweise erst einmal beim guten alten

Kaiser vorbeischauen: in der Kaiservilla, zum Beispiel, wo der majestätische Rauschebart noch heute in seinen Nachfahren fortlebt. Schließlich wären die Habsburger ohne Salz nicht ins Salzkammergut gekommen, und Franz Joseph hätte ohne Salz nicht einmal das Licht der Welt erblickt. Auch ein Besuch in der Konditorei Zauner kann nicht schaden, so zuckrig süß es dort auch zugehen mag: Es war das zu erwartende gute Geschäft im aufstrebenden Solekurort, das den ersten Zauner, einen Weinhändler aus Haugsdorf, nach Ischl lockte. Ein nachdenklicher Besuch im sehr still gewordenen Lauffen darf nicht fehlen: Die Zeit der Traunschiffe ist längst vorbei, und nur noch die Gischt des einst so gefürchteten »Wilden Lauffen« macht Lärm. In der Nähe des Orts befindet sich übrigens jener Stollen, der im Zweiten Weltkrieg als Depot für Kunstwerke diente, darunter so kostbare Stücke wie Brueghels »Bauernhochzeit«. In den letzten Kriegstagen schafften SS-Leute den Schatz erst nach Mittersill und dann nach St. Johann in Tirol. Übrigens waren damals auch im Salzbergwerk Dürrnberg Kunstschätze versteckt.

Der Rückweg nach Ischl führt an einem Sondenfeld vorbei, einem Bergwerk auf der grünen Wiese sozusagen, das stündlich zweihundert Kubikmeter Sole liefert. Statt in den Berg zu fahren, sitzt ein Knappe im Büro und überwacht die Instrumente. Dann geht es aber doch salzbergwärts, vielleicht sogar zu Fuß auf dem Kaiser-Jubiläums-Weg, der von Ischl über die alte Knappensiedlung Perneck zum hoch gelegenen Besuchereingang führt.

Ischl ist das jüngste Bergwerk im Salzkammergut, Hallstatt das älteste. Eigentlich sollte man mit der Eisenbahn anreisen, die Traun und das Seeufer entlang, um dann das einzige Schiff des Salzkammergutes zu besteigen, das Sommer wie Winter seinen Liniendienst fährt. Dort, wo das Schiff anlegt, wurde 1884 das Hotel Seeauer gebaut, und zwar von einem Nachkommen des legendären Wasserbaumeisters aus dem 16. Jahrhundert, der mit der Wehranlage in Steeg und dem Traunfallkanal erstmals eine intensive Salzschifffahrt ermöglicht hatte. 1961 wurde es in fortschrittsgläubiger Verblendung abgerissen, um Platz für Autos zu schaffen. Daneben stand ein Gebäude, das heute auch nur noch Erinnerung ist: das Bethaus der Lutheraner, gebaut, als in Hallstatt die schlimmste Zeit der Verfolgung endlich vorbei war. Einen Großteil der Salzarbeiter hatte man aber, wie gesagt, vorher in die Verbannung gejagt und ihre Anführer hingerichtet. Immerhin ragt heute die protestantische Kirche stolz am Ufer hoch, und ihre schlanke Turmspitze weist versöhnlich zum katholischen Gotteshaus, das ein Stockwerk höher auf einer Felsterrasse steht. 1519, als sie in ihrer heutigen Form vollendet wurde, hatten Kaiser Maximilians Reformen des Salzwesens schon Wirkung gezeigt, die Bevölkerung wuchs rasch und brauchte ein repräsentatives Gotteshaus, für das ein Meister aus Gmunden einen der schönsten und kostbarsten Flügelaltäre des Landes schuf. Der spirituellen Mitte von Hallstatt steht am östlichen Ortsende ein mächtiges Gebäude gegenüber, in dem das Salz und seine Verwalter regierten: Müde und auf dem Weg zur Ruine schaut das alte Amtshaus von seinem Wiesenhang über den See. Unweit davon führt mit der Standseilbahn der schnellste Weg zum Christina-Stollen, 420 Meter über dem Hallstätter See. Wer hier mit ein paar Schritten den Tag zu Nacht werden lässt, begibt sich auch auf eine Zeitreise durch Tausende von Jahren. Hier berühren einander Urgeschichte und Gegenwart, bewahrt das Salz uralte Spuren menschlicher Tätigkeit, sogar rasch Vergängliches wie Holz bleibt erhalten: Im Gemenge des »Heidengebirges« finden sich Kienspäne prähistorischer Bergleute. In den Sinkwerken werden Dimension greifbar: Das Enderwerk, zum Beispiel, wurde von 1878 an neunundzwanzigmal gewässert, 18 Meter hat sich dabei der Himmel gehoben, und die gewonnene Sole ergab 53 000 Kubikmeter Salz, mehr als genug, um damit 2 650 Millionen Salzstreuer zu füllen. Seit dem Mittelalter übernimmt vorwiegend Wasser den Abbau des Salzes. Zwischen den durch Stollen und Seitenstrecken gebildeten Horizonten liegen die Kammern der Laugwerke. Durch einen schrägen Zubau, das Sinkwerk, werden sie mit Wasser gefüllt. Das nützliche Nass löst das Salz vor allem von

Obwohl die Technik auch den Salzbergbau grundlegend verändert, bleibt ein Arbeitsplatz unter Tag etwas Besonderes. Auch für einen Knappen von heute ist der Erfahrungsschatz vieler Generationen nicht minder wichtig als aktuelles Wissen.

der Decke (dem Himmel) und den Wänden (den Ulmen). Unlösliche Bestandteile sinken zu Boden. Dieser »Laist« ist aber von einigem Wert: Er wird in den Kurhäusern zu Heilzwecken verwendet. Die vollgrädige Sole fließt durch den Filterkasten in den unteren Horizont und weiter zur Saline. Somit kann das Werk neu befüllt werden.

Erst wenn sich der Himmel dem oberen Stollen auf weniger als zehn Meter nähert, wird das Werk stillgelegt und damit sichergestellt, dass auch unter Tage keinem der Himmel auf den Kopf fällt.

Der »nasse Abbau« ist nach wie vor aktuell, wird jedoch heute mit der moderneren Bohrlochsondenmethode betrieben. In Altaussee werden überdies besonders reine Steinsalzvorkommen noch immer händisch abgebaut und als Natursalz für die bewusste Küche vermarktet. Es stellt sich also die respektlose Frage, ob moderne Technik denn gar nichts am Salzbergbau verändert hätte. Sie hat natürlich so ziemlich alles verändert. Das Tiefenwerk und die Bohrlochsonde bringen bessere Ergebnisse beim »nassen Abbau«. Das Tiefenwerk wird am Ende eines Schachtes ausgesprengt. Die Sole fließt nicht nach unten ab, sondern wird mit Hilfe einer Pumpe nach

oben befördert. Tiefenwerke können größere Höhen auslaugen und damit mehr Sole gewinnen.

Bergbau: früher mühevolle Handarbeit, heute mit kräftiger Unterstützung hochspezialisierter Maschinen.

Die Bohrlochsonde stellt das effizienteste Verfahren dar, setzt allerdings einen hohen Salzgehalt im Haselgebirge voraus. Das etwa 900 Meter tiefe Bohrloch hat nur 30 Zentimeter Durchmesser und birgt zwei ineinander geschobene Rohre. Durch das eine wird Wasser nach unten gepresst, durch das andere wird die gesättigte Sole hochgepumpt.

Auch der Bau von Stollen hat sich grundlegend geändert. Zu Kaisers Zeiten wäre ein Bergmann wohl vor Schreck erstarrt, hätte er jenen stählernen Tyrannosaurus Rex erblickt, der neuerdings Stollen in den Berg schrämmt. Diese Teilschnittmaschine läuft auf Raupenketten, ihr mechanischer Arm reckt dem Gestein einen rotierenden, meißelbestückten Schrämmkopf entgegen, abgebautes Material wird mechanisch abtransportiert. Was einmal händische Arbeit war, erledigt heute eine hochspezialisierte, elektronisch gesteuerte Maschine.

Der aktuelle Bergbau entfernt sich übrigens zunehmend von

den prähistorischen Abbaustätten, wo die wissenschaftliche Ausgrabungsarbeit ungestört bleibt. Erste Funde wurden schon gemacht, auf einen Mann im Salz darf man ganz vorsichtig hoffen.

Die Arbeitswelt im Ausseerland

Bleibt das Ausseerland: Wo man heute in der legendären Kurhauskonditorei Lewandofsky jeden trifft, den man gerne treffen möchte, wenn man nur lange genug wartet, auch einen gewissen Dr. Hannes Androsch, so nebenbei gesagt, dampften dereinst die Sudpfannen. An der Hauptstraße mit ihren alten Bürgerhäusern steht an der Traun das ehemalige Mauthaus, in dem die Salzfuhrleute ihre Abgaben entrichteten, und auch die Schmiede gibt es noch, in der Rösser für den steilen Weg über den Radlingpaß ins Ennstal beschlagen wurden. Auf dem Oberen Platz, dem Chlumetzkyplatz, trotzt die Residenz der Salzverweser dem Lauf der Zeit, und die heute so geschäftstüchtige Ischlerstraße war die Wohnstraße der Pfannhauser. In Aussee wurde Salz gesotten und mit Salz gehandelt - doch die Sole kam aus Altaussee. Steil führt die Straße zum Salzberg und zu den wuchtigen Steinberghäusern hoch, eine trotzige Enklave in der von Bergen umringten Waldeinsamkeit, aber auch eine elitäre Adresse: Wer hier wohnte, von hier aus in den Berg fuhr, führte ein anderes Leben als die drunten im Tal. Eine Arbeitswelt, in ihrem Wesen unverändert seit vielen Generationen, eine Gemeinschaft, die unter schwierigen oder auch gefährlichen Bedingungen funktionieren musste, in der man sich bedenkenlos aufeinander verlassen konnte, entwickelte ihre eigenen Regeln und Bräuche. Die Knappen waren bei ihrem einschichtig gelegenen Bergwerk früher wohl mehr zu Hause als im Tal bei ihren Frauen. Das hat sich gründlich geändert, aber ein besonderer Menschenschlag sind die Bergleute von Altaussee ja doch geblieben - und die Nachfahren der Ausseer Pfannhauser natürlich auch. Es blieb eben ganz allgemein nicht ohne Wirkung, dass Salz im Ausseerland durch Jahrhunderte bestimmend zum Alltag gehörte. Natürlich war auch das Brauchtum davon betroffen. Während in anderen Gebirgstälern die christlich verbrämten

Umgangsformen mit heidnischen Dämonen weitgehend unbeeinflusst blieben, brachte im Ausseerland der Salzhandel Einflüsse von außen. Es ist zwar nicht belegt, doch recht wahrscheinlich, dass den Salzfuhrleuten, die ja weit in den Süden vordrangen, das venezianische Maskentreiben bekannt war. Nichts lag also näher, als heimische Faschingsbräuche mit derlei aufregend neuen Elementen zu bereichern: mit Karnevalskostümen aus der Renaissance. Die »Flinserln« könnten sich auf diese Weise entwickelt haben: freundliche Lichtgestalten in Kostümen aus Leinen mit aufgenähten Stofffiguren, geschmückt von Tausenden und Abertausenden glitzernden Silberplättchen. Aber auch die Trommelweiber, gestandene Männer, mit wallenden Nachthemden und Spitzenhäubchen bekleidet, sind Geschöpfe des Ausseerlandes, die leichtlebige Lust an der Verkleidung mit archaischen Riten verbinden.

Die Fahne dieser hochgeachteten Schar trägt immerhin die Jahreszahl 1767. Dem Ausseer Gemeinderat anzugehören, ist eine leichte Übung, Bürgermeister zu werden, kann durchaus gelingen, doch von den Trommelweibern aufgenommen zu werden, zählt zu den höheren, wenn auch unheiligen Weihen im Lande. Zuvor gilt es allerdings eine Prüfung abzulegen, über deren furchterregende Dimension Außenstehende nur schaudernd munkeln können. Immerhin ist man vom grausamen Brauch abgekommen, den Kandidaten auf die Gemeindebrückenwaage zu stellen und so lange mit Schnaps zu befüllen, bis der Zeiger sich bewegte. Seit einiger Zeit haben die Trommelweiber übrigens wieder mehr mit Salz zu tun, und das liegt an einem ihrer Mitglieder.

Daneben hat ein anderer Ausseer Faschingsbrauch salzige Ursprünge: Die Faschingsbriefe – ein erfrischendes Scherbengericht, das gnadenlos alle Peinlichkeiten auflistet, die den lieben Mitbürgern das vergangene Jahr über widerfuhren – gehen vermutlich auf den Brauch von Salinenarbeitern zurück, die sich wenigstens im Fasching die Freiheit nahmen, über die Schikanen der Salzoberen mit Spott und Hohn herzuziehen.

Im Schaubergwerk Altaussee wird in einer Ausstellung die Geschichte der im Bergwerk versteckten Kunstschätze und ihrer Bergung erzählt.

Doch zurück zu den Altausseer Knappen, die alles andere als überlieferte Lustbarkeit im Sinn hatten, als sie am Ende des Zweiten Weltkriegs mit gelassener Hand ein ziemlich aufregendes Kapitel in der Geschichte ihres Bergwerks zu Ende schrieben.

Die Nationalsozialisten hatten gestohlene Kunstwerke im Wert von etwa siebzig Milliarden Schilling im Altausseer Salzberg versteckt. Als die Stollen dann gesprengt werden sollten, gab es eine Reihe von Menschen, die versuchten, es zu verhindern. Ihre Motive reichten von blanker Habgier über Opportunismus bis zur tapferen Entschlossenheit, den Bergbau wie auch die Kunst als unersetzliche Werte zu retten. Als das gemeinsame Werk gelungen war, meldeten sich Helden aller Art mehr oder weniger berechtigt zu Wort. Jene Knappen hingegen, die nicht viel redeten, aber den Sprengstoff in letzter Minute aus dem Berg geschafft hatten, machten kein Theater um ihre Verdienste.

Der böse Spuk ist lange vorbei, eine andere Vorstellung darf beginnen: Auf einer Bühne zwischen zwei Himmeln. Der eine Himmel trägt ein ganzes Gebirge, der andere schwebt gewichtlos auf dem salzigen Wasser, und beide sind eins. In dieser Innenwelt vertauschter Wirklichkeiten wird die Bühne im Berg zur Mittlerin zwischen gedachten Träumen und geträumten Gedanken. Licht malt unter Tag andere Bilder, Worte haben mehr zu sagen in der dunklen Stille. Künstler auf der Bühne im Berg und ihr Publikum gehören distanzlos einander, die Unverbindlichkeit bleibt an der Oberfläche.

Irgendwann führt der Weg aus dem Berg, mag sein, aus der Dunkelheit der Stollen in die andere Dunkelheit der Nacht, aus einer Welt, die nach innen lebt, in eine, die sich nach außen verliert.

Salz und Österreich

Ein Schauspieler auf der Bühne im Berg ist ein anderer als auf der Bühne im Theater, obwohl er sich treu bleibt: Das fasziniert ihn selbst nicht weniger als sein Publikum. Die Ausgesetztheit in der Tiefe des Gebirges, die auch eine Geborgenheit im Leib der Erde ist, bewirkt nur einen Teil dieser merkwürdigen Verwandlung, denn auch das Salz spielt mit: als Würze des Lebens, als Symbol für Freundschaft, für Gastfreundschaft und für geistige Werte, über Jahrtausende hinweg. Ganz abgesehen davon ist ein altes Sinkwerk nicht irgendein Theatersaal: Das Haus, in dem sich dieser Saal befindet, ist ein Berg, und der Raum, den er bietet, war dereinst kompaktes Salz, von Wasser aus dem Fels gelöst. So ist ein Freiraum entstanden, entbunden von der Pflicht, zählbaren Nutzen zu bringen, tief unter der Welt da draußen mit ihren grellen Zwängen und ihrer banalen Deutlichkeit. Doch ist die kleine Welt im Berg auch ein dunkler Hohlspiegel für die große ringsum – und umgekehrt: In jedem winzigen Salzkristall, das in der Sonne leuchtet, wohnt die Erinnerung an das mächtige Salzgebirge tieferwärts.

Es bedarf ja keiner großen Mengen, um Salz wirksam und spürbar werden zu lassen. So ist es eigentlich ganz selbstverständlich, dass fünf Salzlagerstätten österreichische Geschichte und Kulturgeschichte schrieben und dass im Bannkreis dieser Vorkommen ganz besondere Lebensräume entstanden. So wie Salz als Würze den Geschmack von Speisen nicht überdeckt, sondern ihm Akzente gibt, ihn interessanter und aufregender macht, belebte es Entwicklungen, ohne sie zu diktieren. Salzquellen schrieben, ohne viel Aufsehen zu erregen, Siedlungsgeschichte, ließen Klöster aufblühen und halfen auch dann noch, bäuerliche Not zu lindern, als es sie eigentlich

Diese historische Landkarte von Georg Matthäus Vischer zeigt neben dem Salzkammergut auch die Hallstätter Sudpfannen (unten links).

nicht mehr geben durfte, weil Salz zum unteilbaren Instrument der Macht geworden war.

Wo auch immer die Erdgeschichte eine Prise Salz in Österreichs Bergwelt streute, tat diese ihre Wirkung, doch jedes Mal anders. Kein Mensch kann sagen, warum sich Salz, Menschen und Landschaft im Ausseerland auf eine Weise verbunden haben, die ausgerechnet für Künstler aller Art von so unwiderstehlicher Anziehungskraft ist. In Bad Aussee und Bad Ischl hatte der Wiener Adel seine Spielplätze und verdrängten später Kurhäuser die Salinen, doch damit sind die Vergleichsmöglichkeiten auch schon erschöpft: Zwischen den beiden Städtchen liegen Welten, und das liegt nicht nur daran, dass Kaiser Franz Joseph eine bayerische Prinzessin zur Frau nahm und Erzherzog Johann seine Ausseerin. Salz machte Gmunden zur prächtigen, mächtigen und auch ziemlich hochnäsigen Handelsstadt, die für das fleißige Ebensee nur Herablassung übrig hatte. Doch die Saline wuchs unbeirrt weiter, und die Gmundner schauen heute zuweilen recht nachdenklich über den See. Orte an der Traun, die durch die Salzschifffahrt eine hitzige Hochkonjunktur erlebten, mussten zusehen, wie ihre durch Jahrhunderte gesicherte Existenzgrundlage in bestürzendem Tempo unter die Räder der Eisenbahn kam. Lauffen, zum Beispiel, ist zum heute nur noch zaghaft belebten Denkmal der eigenen Vergangenheit geworden, Stadl-Paura, dereinst von hektischer Betriebsamkeit erfüllt, hat sich in frommer Beschaulichkeit gefunden. Hallein in Salzburg und Hall in Tirol sind uralte Salinenstädte, an schiffbaren Flüssen gelegen. Salz und die Nähe zur Residenzstadt bestimmten ihre Entwicklung. Hallein und Hall teilen auch das Schicksal stillgelegter Salinen und die Suche nach neuer Identität: Doch die Bilder könnten unterschiedlicher nicht sein. Salz hat Hallstatt und Salzburg werden lassen: Eine kompakte, verwinkelte, übereinandergestapelte, ineinander verschachtelte Arbeitswelt, in Jahrtausenden gewachsen – und die rücksichtslose, schönheitsdurstige, machtverliebte Selbstverwirklichung zweier Fürsterzbischöfe des Barock. Hallstatt und Salzburg, dieses so gegensätzliche Paar, verbindet ein rares Prädikat: Weltkulturerbe der UNESCO. Offenbar konnte nicht nur dort international bedeutende Kultur entstehen, wo Salz, in Geldeswert umgemünzt, von Fürstenhand investiert wurde, sondern auch an der vergleichsweise bescheidenen Stätte seiner Erzeugung. Als im 18. Jahrhundert die ersten Gäste nach Hallstatt kamen, nicht auf Geheiß des Salzamtes, sondern weil sie sich reisend bilden und unterhalten wollten, hatten sie allerdings nicht den Eindruck, vor einem Kulturdenkmal zu stehen: Sie staunten über ein teils amüsantes, teils erschreckendes Kuriosum. Auch Friedrich Simony, jener Forscher und Wissenschaftler, der die Landschaft um den Hallstätter See und das Dachsteingebiet für den Fremdenverkehr erschloss, erblickte in Hallstatt vor allem »malerische Eigentümlichkeit« und »eine Reihe pittoresker Bilder und Bildchen«. Es waren nicht nur gelehrte Gäste wie Simony oder Morton, sondern vor allem auch Hallstätter wie Isidor Engl, die den unschätzbaren Wert und die zeitlose Bedeutung ihres Heimatortes als erste erfassten und versuchten, ihn anderen zu vermitteln. Es waren Hallstätter, die in Zeiten, in denen Modernisierung statt Ortsbildpflege angesagt war, wie selbstverständlich ihr Erbe bewahrten, und sie tun es heute wie damals, auch ohne offizielle Ermunterung. Die über eine unvorstellbar lange Zeit hinweg von den Hallstättern und ihrem Leben mit dem Salz geschaffene Kontinuität macht diesen Ort einzigartig in der Welt, und wer sein äußeres Erscheinungsbild als pittoreske Kulisse missversteht, bringt sich um ein großes Erlebnis. Der Salzberg, das prähistorische Gräberfeld im Hochtal und die Salzwelten erzählen viel über dieses Hallstatt hinter den Fassaden, doch es können gar nicht genug Türen offenstehen, durch die ein distanzloser Schritt in die Tiefe der Zeit führt und zurück in eine neu verstandene Gegenwart.

In Hallstatt nahm die Geschichte des österreichischen Salzes ihren Anfang, einen weltoffenen, tüchtigen und kunstbewussten Anfang. Ideenreich und kühn wurde Bergbau betrieben, versierte Kaufleute pflegten internationale Handelsbeziehungen, der wirtschaftliche Erfolg und die hochstehende Kultur bedingten einander. Heutzutage, in einer Zeit, in der schon auch einmal der Wert des Goldes hinterfragt wird, ist das »weiße Gold« von damals ein Industrieprodukt, seines behaglichen Monopols ledig. Aus dem Amt ist ein Unternehmen geworden, ein staatliches erst, dann ein privates, das sich mit viel Kraft und guten Ideen am Markt behaupten kann. Damit schließt sich aber auch ein gewaltiger Kreis, und alles spricht für einen neuen Anfang im Sinne der alten Kelten: für innovative Technik, für selbstbewusste Präsenz über Grenzen hinweg und für ein umfassendes Kulturverständnis.

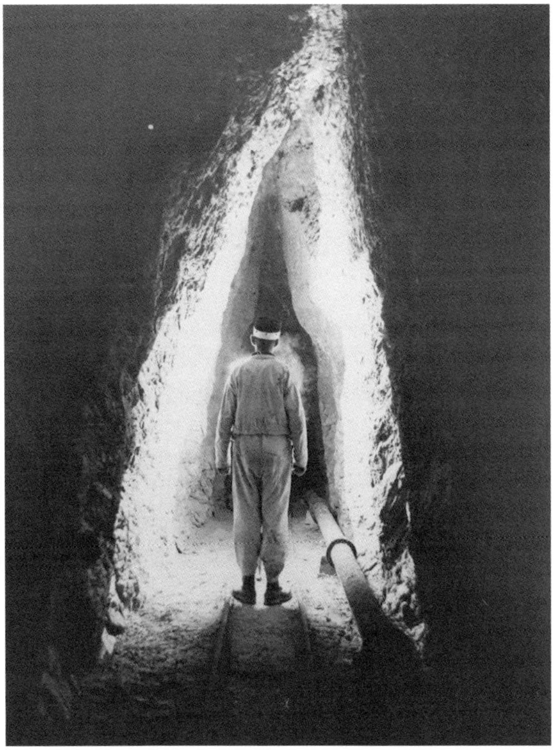

Der Weg in den Berg ist auch ein Weg in die Tiefe der Zeit. Vergangenes bleibt lebendig – und die Zukunft hat längst begonnen.

Einerseits ist Salz eine Handelsware, andererseits aber ein Zauberwort, das österreichische Lebensräume für faszinierende, spannende, lustvolle Erfahrungen erschließt und sie gleichzeitig davor bewahrt, zum austauschbaren Freizeitresort zu verkommen. Ein Zauberwort will aber mutig und mit Respekt angewendet werden, mit Phantasie und Feingefühl.

Es verträgt sich auch schlecht mit Engstirnigkeit und Eigennutz. Miteinander ist angesagt, über geographische und andere Grenzen hinweg.

Sie mögen also die Köpfe zusammenstecken, die Salzgewaltigen und die Kreativen, die Fremdenverkehrsleute, die Politiker, wer auch immer: Hauptsache, sie teilen Brot und Salz und handeln dann auch danach.

Glossar

Abbau: Solegewinnung.
Abteufen: Einen Schacht in die Tiefe treiben.
Ausbau: Abstützen des Stollens.
Bewetterung: Versorgung des Bergwerks mit Frischluft.
Erb Stollen: Tiefstgelegener Stollen, der vom Tal ausgeht.
Grubenhunt: Förderwagen.
Haselgebirge: Gemenge von Steinsalz, Ton und Gips.
Häuer: Ein mit Bohr- und Sprengarbeiten vertrauter Bergmann.
Heidengebirge: Salzgebirge mit prähistorischen Bergbauresten.
Himmel: Decke eines Laugwerkes.
Horizont: Stockwerk im Bergbausystem.
Kerngebirge: Salzgebirge, das zu 75 bis 90 Prozent aus Steinsalz besteht.
Kluftsalz: Entstand dort, wo Salzlösung in Gesteinsspalten eindrang.
Laist: Unlösliche Bestandteile, die im Laugwerk zu Boden sinken. Sie werden in den Kurhäusern zu Heilzwecken angewendet.
Laugwerk: Solerzeugungsanlage im Salzbergbau.
Mächtigkeit: Ausdehnung des Salzlagers in die Tiefe.
Mundloch: Stolleneingang.
Obertags: Außerhalb der Grube im Freien.
Putte, Schacht: Senkrecht geführter Grubenbau.
Richtstrecke: Hauptstollen eines Horizontes.
Schlägel (und Eisen): Werkzeug für händische Gesteinsarbeit ohne Sprengungen. Symbol des Bergmannberufes.
Schurf: Schräger Verbindungsgang im Bergwerk.
Sole: Mit Kochsalz gesättigte, natürliche oder erzeugte wässrige Salzlösung.

Steiger: Aufsichtsorgan im Bergbau.

Stollen: Von obertags horizontal in das Gebirge getriebener Bau.

Tag: Erdoberfläche.

Taub: Keine nutzbaren Materialien enthaltendes Gestein.

Teufe: Tiefe unter der Erdoberfläche.

Verörtern: Deponieren des Gesteins im Bergwerk.

Wetter: Die durch Grubenbaue sich bewegende atembare Luft.

Matte Wetter: Sauerstoffarme Luft unter Tage.

Schlechte Wetter: Mit nicht atembaren oder giftigen Gasen (giftige Wetter) vermischte Luft unter Tage.

Schlagende Wetter: Mit Methan vermischte, bei Entzündung explodierende Luft unter Tage.

Bildnachweis

Alfred Komarek privat: S. 39
Archiv des Kammerhofmuseums Gmunden: S. 15, S. 16, S. 141
Ausseer Kammerhofmuseum, Sammlung Grill: S. 87, S. 162
Ausseer Kammerhofmuseum, Sammlung Selzer: S. 93, S. 152
Bibliothèque nationale de France: S. 110
Keltenmuseum Hallein: S. 140, S. 174
Naturhistorisches Museum Wien: S. 33 (Andreas W. Rausch), S. 46 (beide Andreas W. Rausch), S. 51
Österreich REKORDE: S. 129
Picturedesk.com: S. 22 KHM-Museumsverband/OTS, S. 48 Alex Halada/AFP, S. 49 Sammlung Rauch/Interfoto, S. 56 Ernst Weingartner/Weingartner-Foto, S. 60 Sammlung Rauch/Interfoto, S. 70 ÖNB/ÖNB-Bildarchiv, S. 77 Sammlung Rauch/Interfoto, S. 78 Austrian Archives/brandstaetter images, S. 97 Deininger, Johann/ÖNB-Bildarchiv, S. 120 bilwissedition/akg-images, S. 132 ÖNB-Bildarchiv, S. 147 ÖNB-Bildarchiv, S. 170 Schuhmann, Heinrich/ÖNB-Bildarchiv, S. 179 Martin Huber, S. 193 Baumgartner, Matthäus/ÖNB-Bildarchiv, S. 196 Öst. Volkshochschularchiv/brandstaetter images
Salinenarchiv Bad Ischl, Reproduktion Stefanie Jaksch: S. 11, S. 31, S. 66, S. 69, S. 118, S. 143, S. 157, S. 189, S. 192, S. 195, S. 201, S. 206, S. 217
Salinenarchiv Bad Ischl, Reproduktion Thomas Nussbaumer: S. 81, S. 88, S. 90, S. 96, S. 102, S. 134, S. 214
Salinen Austria AG: S. 42 (Monika Löff), S. 154 (Monika Löff), S. 207 (Andi Bruckner)
Salzburg Museum: S. 53

Salzwelten GmbH: S. 84 Salzwelten (Mario Schmidt), S. 210 Salzwelten (Johannes Kernmayer)
Schlossverwaltung Hellbrunn: S. 9 Linnemann und von Haussen
Shutterstock: S. 57 Martin Erdniss, S. 62 canadastock, S. 124 saiko3p
Landesarchiv Salzburg: S. 160, SLA, Salinenkonvention 54
Welterbemuseum Hallstatt: S. 165
Wikipedia Commons: S. 82 (public domain), S. 109 (public domain), S. 182 (public domain, Reproduktion: Griensteidl), S. 185 (Helmuth Hickmann under Creative Commons Attribution-Share Alike 4.0 International)

Wir haben uns bemüht, zu jedem Bild die Urheber und Rechteinhaber ausfindig zu machen. Sollten Sie auf ein Bild Anspruch erheben, bitte melden Sie sich beim Verlag – wir werden zu den branchenüblichen Konditionen vergüten.

Ein Dankeschön

Viele haben daran mitgeholfen, dieses Buch entstehen zu lassen. Dafür sage ich, alphabetisch gereiht, ein ganz herzliches Dankeschön:

Hannes Androsch
Peter Grill vom Kammerhofmuseum Bad Aussee
Josef Hallinger
Rosa Höller
Benjamin Huber vom Keltenmuseum Hallein
Stefanie Jaksch vom Verlag Kremayr & Scheriau
Thomas Nussbaumer vom Salinenarchiv in Bad Ischl
Harald Pernkopf von der Salzwelten AG
Karina Grömer, Hans Reschreiter, Alice Schumacher vom Naturhistorischen Museum Wien
Johann F. Schatteiner
Hans Spöttl
Katharina Steiner und Kurt Thomanek von der Salinen Austria AG
Johannes Weidinger vom Kammerhofmuseum Gmunden

IMPRESSUM

www.kremayr-scheriau.at

ISBN 978-3-218-01357-4

Umschlaggestaltung, Typografie und Satz:
Kevin Mitrega, Schriftloesung
Umschlagabbildung:
Daria Ustiugova, shutterstock
Lektorat, Bildredaktion:
Stefanie Jaksch
Druck und Bindung:
FINIDR s. r. o., Český Těšín